基因改变未来

Outsmart Your Genes

[美]布兰登·科尔比（Brandon Colby）　著　迟文成　译

上海科学技术文献出版社
Shanghai Scientific and Technological Literature Press

图书在版编目（CIP)数据

　　基因改变未来 /(美) 布兰登·科尔比登；迟文成译，——上
海：上海科学技术文献出版社，（2022.6重印）
　　（新知图书馆）
　　ISBN 978-7-5439-8029-7

Ⅰ . ①基...　　Ⅱ .① 布...　② 迟...　　Ⅲ ① 基因—青少年读物
Ⅳ . ① Q343.1-49

中国版本图书馆 CIP 数据核字 （2020）第020199号

选题策划：张 树
责任编辑：杨怡君 付婷婷
封面设计：周 靖

_____

基因改变未来
JIYIN GAIBIAN WEILAI

[美]布兰登·科尔比 著 迟文成 译
出版发行：上海科学技术文献出版社
地　　址：上海市长乐路746号
邮政编码：200040
经　　销：全国新华书店
印　　刷：常熟市人民印刷有限公司
开　　本：720X1000　1/16
印　　张：13.25
字　　数：237 000
版　　次：2020年4月第1版　2022年6月第2次印刷
书　　号：ISBN 978-5439-8029-7
定　　价：40.00元
http://www.sstlp.com

目 录

一个改变生命的诱惑

试想一下一个没有疾病的世界。这样的世界也许会在将来的某个时候成为现实。那怎么可能呢？只要基因技术不断进步，科学家就能够检测DNA并预测你可能发生的疾病。通过预测你整个生命中可能遭遇的和可能遗传给孩子的疾病，基因技术能够使你和你的医生在疾病发作前与其作战，因此，你可以战胜你的基因并从现在起捍卫你的未来。

我们人类所拥有的保护和延续生命的最有力的资本并非是身体力量、速度或灵活性，而是我们卓越的思维能力。雄鹰靠自身强大的飞行能力、迅疾的速度和机敏的眼力来生存；狮子靠的是庞大的体型、强壮的肌肉和很好的灵活性；而我们人类则靠的是思想、智慧和意志品质。虽然我们也许不能在体力或速度上超过一些对手，但我们有智取敌人的本领，包括疾病。由于我们能够不断地创造、完善并从技术进步中大获益处，所以我们的思维是人类物种生存和富足的关键。

人类的寿命在不断延长，因此，我们将面对越来越多的大病小病。在最近的100多年里，人类平均寿命从35岁增长到80岁。正因为如此，我们社会目前正面临着空前多的与老龄化有关的疾病，如癌症、心脏病和老年痴呆。直到目前为止，我们攻克这些疾病的主要手段仍是坐等疾病出现然后治疗，而且治疗过程常常是非常极端、消耗体力和痛苦的。但攻克疾病的最佳方法将永远是避开这一切。我们要实现这些，只有通过研究遗传密码并利用其提供的信息来左右我们的命运。

我们许多人抱着生死皆由遗传基因决定的想法了此一生。我相信你听说过这类说法，"我从妈妈那里继承了很棒的记忆能力"，或者"我没办法减肥，这是基因作怪。我父母都是大胖子"。然而，一个你前所未闻的新讯息是，即使你的基因遗传使你具有遭遇某种疾病的风险，但当今的科学发展已经有办法帮助你**改变、弱化或许完全绕开你当前的基因命运**。

人类基因组计划在 2003 年完成，而且在基因检测和分析方面也取得了长足的进步，因此，现在预测你会得哪种疾病是有可能的，这样你也就能够采取措施降低甚或消除风险。关键是所有的慢性病都起因于遗传和非遗传性（如你所吃食物的种类和你所选择的生活方式）的综合因素。正因为如此，了解基因能使你更意识到有必要辨识和选择改变非遗传因素来降低疾病风险。

传统西医的被动反应而非主动出击的表现一直被诟病，因为它通常不采取攻势以求防病。相反，西医以被动防御为主，因为它力图治愈人们已经患上的疾病。但是，随着称之为预测医学的这一崭新的革命性医学门类的出现，情况不再依旧。预测医学的宗旨是双重的：确定你的基因档案，然后，更重要的是，在你发病前为你提供消除隐患的方法。我撰写《基因改变未来》一书的目的是为了引起公众对于预测医学的关注——那些很可能被预测医学所拯救的无数大众，以便他们能够配合医生来运用那非同寻常的改变生命的力量。

正是出生时的不幸（也就是我的基因遗传问题）第一次激发了我对遗传学的兴趣。我生来就伴有一种叫作大疱性表皮松解症（英语缩写为"EB"）的显性遗传病，当体表温度上升超出一定水平时这种疾病就会引起表皮水疱。像奔跑时双脚的摩擦或手握网球拍时手部的摩擦等任何引起体表温度升高的情况，都会造成表皮水疱的发生，令人痛苦不堪，这需要用手术刀割破，但很有可能引起严重感染。虽然我的这种病不像别人那么严重，但对于孩提时的我来说则是身心备受煎熬。

我记得我问过我的父母，为什么我和其他所有的孩子都不一样，他们回答说是因为我的基因问题。当我稍大一些并且知道了基因一词的真正含义之后，我很自然地询问了我的父母我们家族是否还有别的人得过大疱性表皮松解症。他们向上追溯几代人，也没能发现一个得过我这种疾病的家族成员。后来我知道，这种情况则意味着我的某个基因自发突变。

由于我疾病的原因，我一生都对遗传学有着浓厚的兴趣。在高中的生物学课上，我知道了遗传学这一学科，这在当时仍然是一门相对新兴的领域。但是，在当时我就意识到遗传学将会在科学和医学上取得革命性的进步。如果我们能够绘制基因图谱或操纵基因,那么我们很有可能战胜所有疾病。我太着迷了,遗传学将成为我毕生的追求。

1996年我进入了密歇根大学,当时还没有专门研究遗传学的专业,但是大学里的荣誉课程使我有机会从事我自己的专业,因此我才有幸自那时起就一直处在基因研究的最前沿。在我还是一个在校大学生时,我就在两个不同的实验室进行遗传学研究了——一个实验室在密歇根大学,另一个在纽约市西奈山医学中心(Mount Sinai Medical Center)的人类遗传学实验室。后者过去和现在都是由我的良师益友罗伯特·戴斯尼克(Robert Desnick)负责,他是主席、主任医生,西奈山遗传学和基因组科学部的主任。通过在两个实验室的研究,我开始意识到遗传学的实际应用几乎是无限的。

密歇根大学毕业后,我进入西奈山医学院,在这里我甚至更能感受到遗传学在临床医疗上所能起到的作用。根据多年的基因研究,西奈山的医生们已经研究出来治疗法布里病的一种酶替代疗法。这是一种罕见的、具有潜在致命性的疾病,患者缺少一种分解全身重要脂肪的酶,结果是,脂肪堆积伤害到身体各个器官。但酶替代疗法能够使患者正常生活。基因研究早已成功地从实验室应用到临床,并使衰竭性疾病得到有效控制。很明显,这只是遗传学中的冰山一角。

作为医学院的学生,后来又作为实习生,我看到过许多患者死于疾病,但他们的疾病如果早点确诊是可以治愈的。例如,二十几岁的人死于先天易发性心脏病,他们甚至不知道自己有这种基因特征,因为没有表现出任何症状。我看到的越多,我就越意识到,要引起一场医学革命的真正关键是要变被动反应为主动出击来变革现存的传统的医学模式,要实现这种变革则需要把几十年的基因研究从实验室里转移出来,并转交给最需要它的人们:患者和医生。

在过去几年里,我一直致力于这种变革,不断促进遗传学和医疗实践的融合。作为一家预测医学机构"Existence Health"和一家个体基因组学公司"Existence Genomics"的完全授权的执业医生和建立者,我自己做了大量研究,因此,我对几万个有关基因检测的科学研究也都有所了解。在本书中,我将与你一起分享许多这些研究所提供的信息,这样你就不仅能够马上清晰地了解基因筛查如何给你带来益处,而且还能够让你知道基因筛查如何以及为何已经在改变着医学事业。

技术进步正在为医生们提供有效方法,可以使他们能够一次性地检测一个患者的所有基因,而且成本相对不高。这就意味着,长期存在于遗传学实验室和医生办公室之间的鸿沟能够最终弥合。现在,我们能够将基因预测和实际医疗执业结合起来。预测医学已经诞生了。

在接下来的篇章里我首先检验一下，为了攻克你的基因，强大的预测医学将给你带来怎样的非同寻常的可能性。你将会看到科学已经把我们从最初的19世纪的一个奥地利修道士所做的实验（指孟德尔的豌豆实验）带到当前的理解水平，也就是对基因如何控制我们机体所有功能的理解。我还要讨论一下我们新发现的为每一个体的整个独有的基因结构绘制图谱的能力，再讨论一下这与你和你的家族有何关系，以及你在接受基因检测前需要知道的一些具体信息。之后，我将在第二部分解释基因是如何决定你可能遭遇的大量具体疾病风险以及你的个人特征，最重要的是，要说明**你和你的医生马上能够做什么**——根据你的基因检测结果来改变你的基因命运。

消除疾病和痛苦是我的人生使命，预测医学是我能够赋予你的，使健康最佳化和延长寿命的最强大武器，无论你处于什么年龄阶段或处于怎样的健康状况。获得并按照我提供的信息去做对你来说也许是一个改变生命的经历。道路就在脚下，我邀请你加入进来，和我一起探索这诸多的方法，因为预测医学不仅能改善你的健康状况，而且还很可能延长你及你挚爱之人的生命。

让我们活得
更健康长久

GENE
SECRET
HISTORY

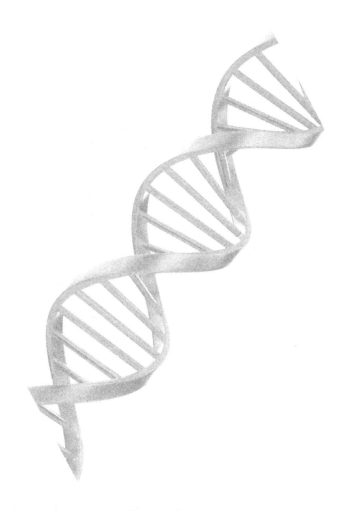

一

预测医学的力量

错误认识：为某一特定疾病了解你的遗传风险没有意义，因为对于这一疾病你无能为力。

事实：如果你发现你患某一疾病的风险在增加，你是可以采取一些步骤来降低染病的可能性的，或限制其对你的侵害，如果疾病发生的话。无论哪种情况，你都要对可能遗传给孩子的疾病保持警惕。如果你知道你身处风险之中，那么对于风险你是可以有所作为的。

认识你的基因结构，对你的未来负责

你的基因结构（也就是你从父母那里继承来的基因）隐含着你的命运奥秘。不仅仅你眼睛和头发的颜色以及音乐和运动的天赋，还有数以千计的与你的外貌、健康及世界相处方式等相关的其他因素，总体上或部分上都是由你的基因决定的。你的基因决定了你的新陈代谢有多快以及如何处理你消耗的热量，而反过来，热量处理方式又决定了你肚子周围有多少脂肪，很大程度上决定了你有多重。遗传学解决的是你的机体如何处理药物治疗；你是否会遇到某种特别药物的不良反应；你需要多大的药量以及药物是否真的会起到作用这类问题。你的基因结构甚至决定着你的基本性格特征，如你是否是勇于冒险者、你是腼腆型还是外向型、你怎样解决压力问题，甚至包括你属于愤懑抑制型还是爆发型这类问题。

一些诸如眼睛和发色这类特征都完全是由基因继承决定

的。至于其他一些特征，如智商和身高，你的基因只能决定可能范围，而非遗传因素，如接受的教育和生活方式，则决定你在这个范围内的最终结果。例如，你的遗传因素也许能使你的最后身高在1.56～1.77米，但是，你实际的最后身高也取决于一些非遗传因素，如成长过程中所接收的营养类型。

"恃强凌弱"型基因

我们是什么样的人在很大程度上是由基因决定的，大多数人在了解到这一点后感到非常吃惊。甚至我们认为的单纯依赖于环境的性格，实际上某种程度也是由我们的基因结构决定的。举例来说，在你了解下面情况之后，你也许还会吃惊：2008年《儿童心理学与精神病学杂志》上发表了一个重大的科学研究成果——一个孩子成为爱欺负人的人，60%的因素来自基因，一个孩子成为被欺负的对象，75%的因素来自基因，其余因素则来自非基因因素，如孩子的家庭环境。

基因控制着我们很多特征和性格特点，其中一些，如不善社交行为、冲动倾向和猎奇性格等使得一些孩子更易于做出霸凌行为，而另外一些性格特点，如内向、脆弱、爱哭等使得这些孩子更易于成为受害者。因此，当一个倾向于冲动、不善社交和有着猎奇性格的孩子遇到了一个倾向于安静、脆弱的孩子时，这两个孩子的基因实际上就开始了欺凌—受害的相互较量。

更重要的是，或全部或部分上，你的基因决定着你是否处于遭遇某种疾病的风险之中。甚至从流感到艾滋病，你得传染病的风险在某种程度上都是由你的基因决定的。

预测医学就是使得基因检测发挥作用的关键。

随着人类基因组计划的完成和现在可用于基因检测的技术进步，科学家们已有能力解码和分析你的基因结构并预测你有得哪种疾病的风险。但是，除非你的遗传信息在现实中有用，否则你的已解码基因组作用不过是纸上谈兵。预测医学就是使得基因检测发挥作用的关键。

预测医学是一门新兴的医学门类。当一个医生认为一个患者需要进行诸如磁共振（magnetic resonance imaging, MRI）或者计算机化轴向X射线断层摄影（computerized axial tomography, CAT）扫描等放射线检查时，他更愿意这位患者到一个受过放射线专门培训的医生那里进行检测。之后这份检测由放射科专家审阅，并给诊疗的医生提供书面报告。这份报告就使得检测对于诊疗医生来说有意义——这恰好就是预测医学在遗传领域所做的事情。任何医生都可以将预测医学融入他的工作之中，就像他所做的放射检查和实验室检测一样。

基因报告中的分析可以清晰地辨识出患者的各种患病风险，并指出有效降低风险或将疾病影响减到最低的预防措施。当前，甚至预防措施本身也可以根据基因情况制定以符合你的DNA。当医生收到基因报告后，他会和你一起努力来最大限度降低疾病风险，也许甚至能使你脱离风险不再患上这些疾病。脑子里要记住这一点：仅仅是因为你身体里存在导致患某种疾病高风险的基因，而不一定意味着你患有或将会得这一疾病。意思就是说，你的基因使得你易于患上某种疾病。

但是，你也许发现你体内不存在与某种疾病有联系的基因——例如，如果你发现你基因BRCA1、BRCA2、CHEK2、ATM和FGFR2中并没有发生有害变化，你会如释重负，因为这些基因都与乳腺癌有关。你甚至或许会发现，你有一个有利的基因结构，因为它能使你免受或降低得某些疾病的风险。

临床上综合基因检测的用途可以用2009年的一项研究来证明，该研究是由亚特兰大市的公共卫生基因组的疾病防控办公室，也称之为疾病控制中心的一位中心主任完成的。该项研究成果在《医学遗传学》杂志上发表。研究发现，当患者的综合基因检测结果提供给患者的医生时，75%的医生改变了对患者的某个医疗护理方式，如提供的筛选试验、药物治疗或处方药剂量，建议的生活方式变化，后续约诊的频率，或者做出的诊断。虽然医生们已经在治疗这些患者而且很可能已经知道了家族史并进行着惯例医疗护理，但获得遗传信息仍然对临床患者的治疗起到迥异的作用，起作用的概率在四分之三。

就预测医学对社会的影响来说，它可以极大地降低保健成本。举例说明，药物华法林（warfarin）（香豆定）是世界上广泛使用的处方药，用来稀释人的血液以治疗血栓、心脏病和中风。

一位美国食品药品监督管理局的资深经济分析人员说，如果在开华法林药之前进行基因检测能成为一个标准惯例的话，不良反应发生概率的减少将会使保健费用净节约额高达每年10亿美元。

> 预测医学能够很大程度上降低保健成本。

预测医学的功能主要在于它能够查看你的整个基因档案并为你提供预先警告，你和你的医生都可以利用预先警告来做些调整以使你的身体更健康。作为一个保健消费者，你是这场医学革命的直接受益者，因为你今天对你基因的了解会对你当前和未来的健康有着深远影响。

用先天决定后天

虽然基因或称遗传（常被称之为先天）可以被认为是从里到外影响你的关键，但你的环境（常被称为后天）是从外到里影响你的关键，这包括所有的非基因或称非遗传因素，如运动量、教育水平、饮食和吃的药物。由于大多数疾病是基因和非遗传因素综合作用的结果，因此，了解你的先天能够使你改变你的后天（如生活方式的改变），那将最大程度降低或消除患这些疾病的可能性，而你的基因使你置身于患此疾病的风险之中。

> 基因在很大程度上决定我们是什么样的人，承认这个事实就是解读基因、战胜病魔的第一步。

了解你独一无二的基因结构能够让你的医生为你量身提供一套指导方案。他或许会建议你多吃某种食物，如西兰花或鱼类，或许建议你少吃其他食物，如盐或饱和脂肪。你的医生或许会改变或调整你当前的治疗药物并建议做某些特定检查，如更多地做结肠镜检查，如果你有得结肠癌的高风险，或提议替代性治疗，如用瑜伽来减压。有初步的证据显示，基因检测实际能够精确指出哪种治疗方案最适合于治疗酒精上瘾者。有了这类信息的帮助，一个戒瘾计划就可以专门针对患者的具体基因进行。

基因在很大程度上决定我们是什么样的人，承认这个事实就是解读基因、战胜病魔的第一步。分析遗传因素并不是向先天屈服，而是更好地战胜它。

一个传奇人物的英年早逝

对于一个自身健康、父母健康、子女也健康的人来说，基因检测为什么还应该给予重视呢？奥林匹克花样滑冰冠军谢尔盖·格林科夫（Sergei Grinkov）的故事也许能给出这个问题的最佳答案。

谢尔盖和他的妻子叶卡捷琳娜·戈迪耶娃（Ekaterina Gordeeva）一直都在最著名的双人滑运动员之列。在谢尔盖14岁，叶卡捷琳娜10岁的时候，他们在俄罗斯相遇，这一对搭档赢得了4项世界冠军、2枚奥运金牌，更赢得了数百万计粉丝们的心。谢尔盖不吸烟，不沾毒品，饮食适度，每天锻炼几个小时，他没得过糖尿病，所有的体检都显示他是一个特别健康的运动员。但是，他确实有高血压，而且他的父亲在52岁时就死于突发性心脏病，然而，由于谢尔盖当时既年轻又健硕，这两个预警信号并没有引起他的医生的警觉。

　　1995年11月20日，谢尔盖刚好28岁，他和叶卡捷琳娜·戈迪耶娃像往常一样来到冰场训练。戈迪耶娃在她1996年写的自传《我的谢尔盖：一个爱情故事》中这样写道：

　　谢尔盖在冰上滑着，但他没有做压步动作。他的手臂也没有搂我的腰部做托举动作。我原以为是他的背部出了问题。他轻轻地弯着腰，我问他："是背部有问题吗？"他摇了摇头。他控制不住自己的动作。他试图停下来，却撞向了护板。他试图抓住护板。他眩晕过去，但没告诉我究竟是怎么回事。之后，他弯曲双膝并小心翼翼地躺在冰上。我不停地问怎么了。"怎么回事，宝贝？出什么事了？"但是，他没有回答我。他什么也不会说了。

　　那一天，谢尔盖走了，留下了妻子、3岁的女儿和一个未竟的人生。约翰·霍普金斯大学医学院（Johns Hopkins School of Medicine）的研究人员对这个看上去很健康的28岁运动员的猝死非常关注，他们在征得了戈迪耶娃的允许后对其丈夫进行了死后基因检测。其中一个研究人员帕斯克·戈德斯密特-克莱蒙特（Pascal Goldschmidt-Clermont）博士发现谢尔盖有一个基因变体，先前的一个研究已经证实这与造成早发型心脏病发病风险高有关。如果谢尔盖知道他的基因结构中含有这种变体，他和他的医生就能够进行多种干预治疗了，他的病情也就会由心脏病学家认真监测了。事实上，他确实有至少2、3个征兆：高血压和早年死于心脏病的父亲。但是，这种情况常常会发生在谢尔盖这样年龄的年轻人身上，因为他们表面看起来健康，所以预警信号也就被忽略了。

普通风险因素和家族史的遗传解释

人们根据性别、年龄、种族以及生活方式习惯等分属于特定类群，他们因此或多或少易于患某种疾病。这些都是**普通风险因素**，当医生做诊断或查询结果时就会考虑这些因素了。例如，如果你是一名过了绝经期的妇女，你的医生就知道你患心脏病的风险要比一位尚未绝经的妇女高。

如果你吸烟，你患肺癌的风险就比从不吸烟的人高。但凭借这些非个性化的普通风险因素来判断则存在问题，因为它们是普通的，而你是独特的。从基因角度说你与其他人是根本不同的，即使他们与你有着同样的性别、年龄、种族和生活方式。

探查一下家族史也许能够较准确地解释为什么你易于患有某种疾病，因为你的家族直系成员确实与你有一些相同的基因，而且他们也常常有着和你类似的习惯和生活方式。但是，家族史并非科学，它至多也就能够提供有限的可应用信息。

> 有了综合基因检测手段，你的医生无须再依赖你的经历讲述未证实的证据或用几十年前一个亲属的诊断来预测你的未来健康状况。

获得家族史的细节还取决于医生。许多医生没有时间同所有的患者查阅完整的家族史。相反，他们就要求患者填写有关心脏病、糖尿病、癌症和其他一些疾病的家族史问卷调查表。如果患者不能确定答案或仅填个否，那么很多情况下医生就不会再细问了。虽然医学院的学生在上学时都知道利用完整的家族史来确定调查研究方向很重要，但在临床医学的现实中这种完整性很少见。

有了综合基因检测手段，你的医生无须再依赖你的经历讲述未证实的证据或几十年前的一个诊断，因为这种东西对于预测你的未来健康也许准确也许不准确。普通风险因素和家族史至多提示患者可能有患某种疾病的风险，而基因检测则提供了清晰、客观和个性化的科学答案。

如果你没有太多关于你家族史的信息，基因检测也许是你找出你有何患病风险的唯一手段。

虽然普通风险因素和家族史对于综合基因检测来说起到的只是附属作用，但它们不是它的附属品。这三者的综合应用比任何一个单独使用都会提供更多的信息。

基因检测能探查什么

通常来说，疾病可归结为3类。第一类属于常见病，是遗传因素和非遗传因

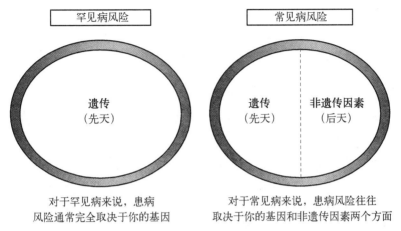

罕见病风险	常见病风险
遗传（先天）	遗传（先天） | 非遗传因素（后天）
对于罕见病来说，患病风险通常完全取决于你的基因	对于常见病来说，患病风险往往取决于你的基因和非遗传因素两个方面

罕见病与常见病风险

素综合导致的。对于这些疾病中的任何一个来说，如果你的某个基因发生不利变化，未来你都有患上这一疾病的高风险，但并不意味着你肯定患病。

后两类疾病属于基因致病性疾病，不存在非遗传因素。这些疾病并不常见，它们或是显性的或是隐性的。一种疾病之所以可能显性可能隐性是因为我们所有人的每种基因都有两个拷贝。如果你有至少一个基因拷贝属于显性疾病或两个属于隐性疾病，那么你很有可能会得上这种疾病。如果你只有一个基因拷贝属于隐性疾病，那么你就不会得上这种疾病。你就是人们说的携带者，你很有可能会把致病基因传递给下一代。

通过综合基因检测的使用，预测医学可以为你提供更有用的信息，以此降低以后患病的风险，也可以减轻缓解现有病情，更能防止你把你可能携带的疾病传递给未出生的孩子。

类型1：未来疾病风险

基因检测是辨别你**未来**患某些疾病的风险是高还是低。这些主要是常见病，而且它们的风险因素取决于基因和非遗传因素的综合。有几百种病，其中包括肥胖症、癌症、心脏病、老年痴呆、帕金森、多发性硬化症、克罗恩病、黄斑变性（导致成人视觉丧失和失明的原因）、关节炎和沉迷症。基因检测甚至可以确定你对诸如艾滋病、疟疾和感冒菌入肠等传染病的敏感程度。其他一些与基因相关的特征是你对药物的反应、你的智商、身高以及运动素质。甚至男性秃顶都是基因与非遗传因素的综合结果。

需要记住的最重要一条是，即使你的基因使你易于患有某种疾病，但你患上这一疾病的总体风险并非一成不变。有了基因检测提供的信息，预测医学就能帮助你采取措施来降低总体风险、战胜你的基因，或许还会使你永远不得这种病。

总的来说，患常见病的风险可以由下列公式加以说明：

$$遗传风险＋非遗传风险＝疾病总风险$$

如果你降低了你的非遗传风险，即使你的遗传风险保持不变，那么你患病的总风险仍会降低。

战胜疾病的最佳方案是永远不遇到疾病，避开疾病的最佳途径是通过基因检测和预测医学获得先验知识。通过预测未来，你就能够改变未来。

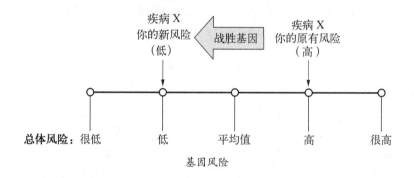

类型2：当前病症

有些疾病100%与基因有关，如果你有其中一种病的一个显性基因或两个隐性基因，某种程度上你就很有可能患上这种病。通过及早地注意到这些疾病，你就能够采取措施让自己活得长久、活得健康。

你也许认为，你患病，你当然知道是什么病，但事实是，许多病几年甚至几十年都没有任何症状。还有一种可能，你患了一种症状不明显的疾病，进而不可能指出确切原因。例如，影响心脏电导系统的疾病也许根本没有任何症状，直到引起猝死。

一种叫作恶性高热的疾病直到你用麻醉剂时才会完全显现出来，而这时你也许会产生严重的反应，最终导致死在手术台上。

还有，你的肌肉也许有遗传问题，因为即使是小幅运动你都会感到疲劳。许多有这类问题的人身体过胖，因此被劝说多锻炼。而事实上，这个时候已经晚了，从基因角度讲他们已没有锻炼的能力了。

如果基因检测显示你有其中一种隐伏的疾病，那么你和你的医生就知道你们面对的是什么，并会施以恰当的治疗。例如，心律失常可以用各种医疗设备进行不同方式的监测,也可以用临床治疗和药物治疗加以控制。如果不使用那些手术中常规使用的麻醉剂,恶性高热是可以避免的。如果你肥胖是因为你的基因结构引起你对锻炼无耐受性,你可以采取其他减肥干预法,如节食、食欲抑制药物疗法,甚至手术,如胃箍手术或胃旁路术。

治疗疾病最重要的第一步是,通过基因检测知道你患上了这个病,尤其是在疾病没有任何症状的情况下。

类型3:携带而未发作的疾病

隐性疾病通常需要致病基因的两个拷贝,为隐性疾病而做的基因检测将会揭示出你的携带者身份。如果你只有隐性基因的一个拷贝并且未患病,那么你就被认定为这一疾病携带者。有数以千计的这种罕见的隐性疾病,其中包括泰-萨克斯病(Tay-Sachs disease)、镰形细胞性贫血和囊性纤维变性等都属于这一类。如果你只是携带导致其中一种病的一个基因拷贝,你还没有得上这种病,但是你会把这个基因传给你的孩子。如果你们夫妻二人中的一个也是同种隐性基因的携带者,那么也会把它传递给孩子,你的孩子就可能得上这种疾病。

下面的表1就描述了父母双方都是一个隐性疾病携带者的孩子将会遗传这种疾病的概率。每一个孩子都会随机地从父亲那里继承或者携带疾病的基因或者正常的基因,同样,从母亲那里也是这种继承方式。4个框格中的每一个框格都代表着4种可能组合中的一种。在这里你可以看到,如果父母双方都是某种疾病的隐性基因携带者,孩子患这一疾病的可能性就是25%(见右下角框格),孩子成为隐性携带者的概率是50%,既不患病也不是携带者的概率是25%(左上角框格)。

表1　隐性遗传

		父亲的基因	
		正常基因	带病基因
母亲的基因	正常基因	正常基因 正常基因 (非携带者)	正常基因 带病基因 (携带者)
	带病基因	带病基因 正常基因 (携带者)	带病基因 带病基因 (患病)

如果你事先知道你和你的配偶都携带某一疾病,你们就会考虑许多计划生育方案,这样就会极大降低未来孩子患病的风险。但是,实际上你并没有病,能

够确定你是否是疾病携带者,同时又能保护未来孩子的唯一做法是在组建家庭之前进行基因检测。我们要在第六章与准父母们更详尽地讨论基因检测。

基因检测适合你吗?

有些人害怕基因检测,他们说:"我宁愿什么也不知道"。另外一些人则对这一新技术抱更接受的态度,一点疑虑也没有地说:"把所有都检测了吧!"我更赞同的方式是介于二者之间。如果所有基因检测都不做,你可能会错过一些对生命至关重要的信息,但是一次性为所有疾病进行基因检测也可能会产生信息泛滥。

关于一些人们担心的问题,其实基因检测提供的信息与你或你的医生从其他任何形式的医学检测所获得的信息并没有什么不同。例如,可以把它比作测量血压。如果你有高血压,你就有患许多不同疾病的风险,包括心脏病和中风,你的医生就会采取防御措施,如与你探讨生活方式的转变,开一些药物并确保此后严密地监测你的血压。作为一个社会,我们习惯接受对高血压的筛查和借此信息改变行为习惯,因此,我相信不久我们也会习惯基因检测。

基因检测实际上与戴自行车安全帽很相似。骑自行车的时候没有人计划发生事故。如果他们那样做了,安全帽就意味着生与死之间的差异。就像自行车安全帽保护你免受潜在的致命威胁一样,基因检测使你能够避开或很大程度地限制某一威胁生命的疾病影响。

当然,发现你的基因使你易于患某种疾病,这没有太大意义,除非你对这些结果采取了措施。在医学院时,老师就教我们,除非计划好按测试结果采取治疗,否则永远不要给患者做检测。如果检测将对患者治疗护理不起任何作用,如果检测将不具操作性,检测就不应该进行。同样的道理也适合于预测医学:除非你和你的医生打算根据检测结果采取行动——如实行预防性的生活方式转变,否则不要进行基因检测。

医学上的最新钳形攻势

继续对疾病发起攻势

对传统西医的主要诟病之一是,它的主要目标是在疾病得上之后加以治疗,而不是在第一时间防御疾病攻击。预测医学目前正在改变着这一方式,正在努力创建一个革命性的医学典范。与疾病作战就像打一场战争，预测医学提供了一套新的有效的作战策略。

　　一直以来评价最高的军事作战策略之一就是所谓的钳形攻势。该策略要求同时攻击敌人两翼，实质上是要包围诱捕敌人。对于预测医学来说，我们要同时攻击可能导致疾病的基因和非遗传因素。

　　没有基因检测提供的信息，传统医学主要是在疾病出现之后才与其正面交锋。这意味着我们的医疗武器总是被动防御性的。现在有了预测医学，我们最终可以进行主动攻击。我们利用遗传学既可以防止疾病发生，又可以在其发生之后定制最有效的治疗方案以抑制病情。当传统医学和预测医学两军会师时，就有更大的把握战胜敌人——疾病。

> 与疾病战斗就像打一场战争，而预测医学则提供了一套新的有效的作战策略。

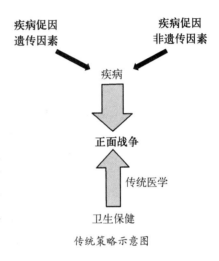

传统策略示意图

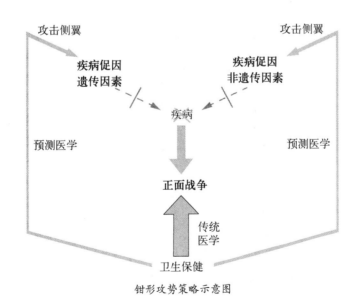

钳形攻势策略示意图

从孟德尔豌豆到预测医学

错误认识：自从2003年人类基因组计划完成以来，人类对基因及其控制我们命运的方式没有进一步的了解。

事实：自从2003年以来，数以万计的科学研究已经提供了有效视角来探讨基因结构如何增加或减少我们的患病风险。

《阿甘正传》里有句妈妈常说的话，广为人知，"生活就像一盒巧克力，你永远不知道下一块是什么味道。"正如后来证明的那样，19世纪60年代一个名叫格雷戈尔·孟德尔的奥地利修道士就抱有这一思想，当时他还在修道院的花园里做工，现在这个地方已归属捷克共和国。但是，不像阿甘的妈妈，孟德尔断言，知道你要得到什么是可能的。事实上，正是那些开创性实验证明了我们人类是可以预测我们生命的未来的。

孟德尔着迷的东西，在我们大多人看来相当的普通：豌豆。因此，在修道院里别的修道士吃豌豆的时候，孟德尔却开始琢磨起这些小东西。他观察到，一些豌豆有光滑的表皮，而另外一些豌豆则皱皱巴巴，一些豌豆是黄色的，而另外一些则是绿色的。他开始思索为什么一些豌豆看起来与别的豌豆不一样，对这些性状是否有什么可辨别的模式，他是否能够预测两颗成熟豌豆的子代显现出某些具体特征的概率。他想确定在我们得到什么之前，我们实际上是否能够知道我们将会得到什么。为了验证自己的想法，他开始用修道院花园里的豌豆做实验。他用结出光滑豌豆的植株与结出褶皱豌豆的植株进行杂交，结出绿色豌豆的植株与结出黄色豌豆的植株杂交等，一代一代，每一杂交果实的样子他都做了详尽的记录。最终，他研究了大约3万株豌豆。

把无形因素描述为是亲代向子代传递性状的方式，孟德尔是第一人。实际上，他第一次描述的就是基因。他发现，这些因素中有些可以看成是显性的，而另外一些则是隐性的。当像绿颜色这类显性因子存在时，它就遮盖或罩住了黄颜色的隐性因子。因此，黄色豌豆不可能含有任何绿色因子。如果它们含有哪怕一个绿色因子，它们都将会是绿色的。如果它们根本没有绿色因子，那么它们肯定是黄色的。通过实验，他不仅辨析出遗传模式，而且还确定了子代获得性状概率的预测方法。孟德尔的发现很清楚地说明，如果生活像花园里的豌豆，那么，当然我们真的可以预测我们可能获得的东西。这些早期发现为当今革命性的新医疗保健方式——预测医学奠定了基础。

豌豆和蜜蜂

1863年孟德尔从研究豌豆又转向了研究蜜蜂。虽然吃了那么多的豌豆，修道院里的其他修道士很有可能对孟德尔的行为没有特别感觉。自那以后，修道院里的伙食一定变得更让人愉悦，但孟德尔这一新兴趣很快就证明喜忧参半。

在实验过程中，孟德尔让来自埃及的蜜蜂同来自南美的蜜蜂交配。这些配对的后代产出了非常甜的蜂蜜，但是一个棘手的问题很快出现，而且必须解决。这些杂交的蜜蜂相当凶猛，它们见人就叮咬——无论是修道院里的修道士还是周围几千米远的村民。鉴于此，孟德尔决定停止实验，捣毁蜂房。最终，蜜蜂的甘甜成为苦涩，普通的老豌豆一定又开始散发诱人的芬芳。

1866年，孟德尔发表了一篇关于遗传理论的论文，并邮寄给整个欧洲知名的科学家们。一个大家现在公认的事实是，他曾经把论文邮寄给查尔斯·达尔文，而他可能从来没读。孟德尔最终证明他是领先于他的时代的，尽管欧洲科学家们忽视他的发现长达几十年之久。直到他死后很久，在20世纪初，他那篇被遗忘很久的论文才再次被发现，他的开创性功绩才最终得到承认。因为有了孟德尔，科学家们才知道，实际上从最简单到最复杂的物种，每个物种的后代都从亲代那里继承一些性状，从统计学角度来说，这种继承模式是可预测的。格雷戈尔·孟德尔现在被认为是当代遗传学之父，遗传学基本原理也被称为孟德尔遗传定律。

自那以后的100多年里，全世界的科学家都在努力解开基因遗传之谜。他们发现：

- 脱氧核糖核酸（DNA）控制遗传。DNA仅由4种化学物质组成，提及这些化学物质时常常用它们的化学名称的首字母。这4个化学"字母"（生物学上称"碱基"）以各种组合形式存在，而这些碱基的精密连续排列就是遗传密码。人类的整个基因结构中有60亿个碱基。
- 基因是遗传的基本单位，由DNA组成。既然基因是由DNA组成，那么每个基因就是由一系列的碱基构成。
- 一套完整的基因叫作一个基因组。人类基因组里有大约2万个基因。
- 基因线性排列，一个挨一个地排列在叫作染色体的DNA长线状结构上。
- 我们身体里几乎所有的细胞都含有23对染色体，这就意味着每个细胞实际上有总共46条染色体。因为基因位于染色体上，所以这些细胞中的每一个也含有每种基因的2个拷贝。
- 基因结构也会出现变化。基因结构上的一个或多个碱基的变化叫作"遗传性变型"，通常又被称为"突变"。
- 遗传密码中的某一特定变化组合就控制着我们的性状或使我们易于患病。不同的人在他们的基因结构中有不同的变化组合，这也就说明了为什么人会有不同的特征，会患有不同的疾病。在我们的基因组中，60亿个碱基中若仅有一个碱基发生变化都会引起疾病。进行基因检测就是为了侦测出这种变化。

如果我们把遗传学术语比喻成一本书，我们会认为它是《生命指导手册》（见表2）。

表2　遗传术语与《生命指导手册》对比关系

遗 传 术 语	相当于我们的《生命指导手册》
DNA	墨水
基因结构	字母
基因	句子
染色体	章节
基因组	整本书

遗 传 术 语	相当于我们的《生命指导手册》
遗传性变型	打字排版错误
基因检测	校对每个字母

到20世纪中叶，科学家们发现，基因通过给蛋白质编码来对细胞施加作用。这就意味着，每个基因的特定碱基可以通过细胞的作用被转译为蛋白质。这一点与摩斯码很像，摩斯码就是利用节奏解码信息。例如，摩斯码的节奏"嘀—嘀—嘀—嗒—嗒—嗒—嘀—嘀—嘀"（英语中也可认为是"dot-dot-dot-dash-dash-dash-dot-dot-dot"这里dot为一个基本信号单位，是短音。dash为3个基本信号单位，是长音。声音同汉语中"嘀嗒"）意思是遇难信号SOS。信息被编码在节奏中，然后再由知道密码的人译成能够理解的语言。对于基因来说也是如此，它的信息被编码在碱基上，细胞能够把编码转译成一种蛋白质。这就是为什么我们说每个基因都为一种特定的蛋白质编码。由于蛋白质负责构建我们身体里的所有细胞和细胞的大部分功能，因此，基因为蛋白质编码这个事实就意味着基因含有我们生命的密码。

> 你的基因或部分地或完全地控制着你的机体过程，而且基因变异是导致你易于生病的真正元凶。

对于预测医学来说，最重要的认识是，你的基因或部分地或完全地控制着你的机体过程，而且基因变异是导致你易于患病的真正元凶。因此，通过分析你的基因结构，我们就可以预测你将来可能面临的疾病，同时也能建议你如何最有效地避开它们。

> 今天你是你，真实得不能再真实了。
> 没有一个活着的人比你更是你了。
> ——苏斯博士

所有人的每一个细胞里都含有23对染色体。你身体里染色体不成对存在的唯一细胞是精子细胞和卵子细胞，它们含有单倍染色体。当精子和卵子相遇形成胚胎时就出现了怀孕。我们有一半染色体来自我们的母亲（通过卵子），一半来自我们的父亲（通过精子），这就是为什么每一代子女都总是有相同总数染色体的原因。

我们生来独特，源于随机性。一个特定卵细胞和精子细胞中的染色体随机组合形成双倍染色体。正因为这种随机性，没有两个卵细胞，也几乎没有两个精子细胞会存在完全相同的染色体组合。

这里做个简单介绍。你的所有细胞（除了卵细胞和精子细胞）都含有两个染色体1（称为1A，1B），两个染色体2（2A，2B），两个染色体3（3A，3B）等以此类推，直到染色体23为止。虽然任何一对给定的染色体中都含有相同的基因，但在这些基因中的实际编码也许略有不同。因此，从遗传密码角度来说，每对染色体中的一条实际上都是独特的，都含有不同信息。

这是在遗传层面上解释我们每个人独特性的简化方式：因为精子和卵子都只含有单倍体染色体，而且每对中特定染色体（A或B）在单个精子和卵子中又是完全随机的，那么单个精子或卵子中的染色体组合的可能数目是（如1A，2A，3A……23A或1A，2B，3A……23A或1A，2B，3B……23B）2^{23}，或者有800万之多的概率！

因为一个女人一生中可能排卵大约40万个，所以很可能每个卵子都是唯一的。因为一个男人一生中产生精子大约12万亿个，所以有些精子可能会带有完全相同的基因结构。但是，因为每个人都是一个卵子和一个精子结合的结果，所以来自相同父母的两个不同精子和两个不同卵子结合生出的两个孩子有相同基因结构的概率不足70万亿分之一（$2^{23} \times 2^{23}$）。

这就是你与父母、兄弟姐妹不同的原因——尽管你从父亲和母亲那里分别继承了23条染色体，但染色体的恰当组合和每个染色体上的基因和变体的恰当组合都是唯一的，这种独特的组合使你就是你！据估算在地球上存在过的人数已经达到1000亿，但是除了相像的双胞胎外你完全可以说从来没有出现过像你的人：你和我们其他人一样是70万亿分之一，因此，你真的是某种人的唯一！

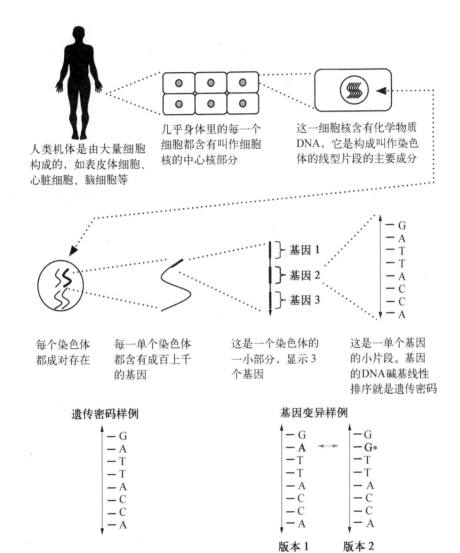

人类机体是由大量细胞构成的,如表皮体细胞、心脏细胞、脑细胞等

几乎身体里的每一个细胞都含有叫作细胞核的中心核部分

这一细胞核含有化学物质DNA,它是构成叫作染色体的线型片段的主要成分

每个染色体都成对存在

每一单个染色体都含有成百上千的基因

基因 1

基因 2

基因 3

这是一个染色体的一小部分,显示 3 个基因

这是一单个基因的小片段。基因的DNA碱基线性排序就是遗传密码

遗传密码样例

— G
— A
— T
— T
— A
— C
— C
— A

你的基因里的 DNA 碱基排序可以由细胞转译为蛋白质,这些蛋白质构成并操纵着细胞。正因为如此,你的遗传密码负责指挥整个机体所有细胞的每天运行

基因变异样例

版本 1

— G
— A
— T
— T
— A
— C
— C
— A

版本 2

— G
— G*
— T
— T
— A
— C
— C
— A

你遗传密码的60亿个碱基中只要有一个发生变化就能导致基因编码的蛋白质发生变化。该不正常蛋白质继而会影响整个细胞,之后不正常的细胞又影响整个机体,很有可能会引起疾患

发现DNA结构

在之前科学家们所做的研究基础上，詹姆斯·D.沃森（James D.Watson）和弗朗西斯·克里克（Francis Crick）成功揭开了DNA分子的结构之谜，解决了有关遗传的主要难题之一。他们是1953年在英国剑桥大学相识的。

他们证明了DNA为双螺旋结构，就像螺旋的楼梯一圈一圈的。两链条由横条连接（就像一部梯子的横挡一样），而这些横条则由4种化学物质构成：腺嘌呤、胞嘧啶、鸟嘌呤、胸腺嘧啶，它们一般由它们英文名字的首字母来直接代替（A、C、G、T）。这些化学字母在整个基因碱基表中就代表这4个碱基。也许看起来很不可思议，你的整个基因结构——你的生命指导手册，仅是由4个碱基以不同组合形式构成。

DNA双螺旋结构

DNA的双螺旋结构

除了描述DNA分子结构，沃森和克里克还指出了分子是怎样作用和复制的，以使遗传信息能够一代一代地传递下去。在一个细胞分裂之前，DNA螺旋两侧断链（横条在中间断开，螺旋的两条链彼此分离），这样每条链就可以作为模板制造出具有原来遗传物质的复制品。因此，每次DNA分裂和复制，你就有了和原来一样的两个DNA分子。当一单个细胞要分裂成两个子细胞时，一个复制品成为一个子细胞，另外一个复制品成为另外一个子细胞，因此，不存在细胞没有一套完整信息的情况。

根据沃森和克里克取得的成就，全世界的科学家们开始进行大量研究来揭开DNA尚未解开之谜。既然他们知道了森林的样子，那么他们现在就开始研究个体树木。这方面取得

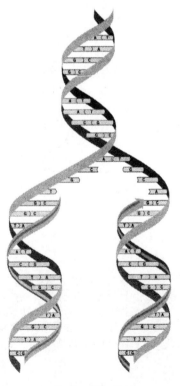

DNA的一变二复制

的最伟大发现之一是，1961年马歇尔·尼伦伯格（Marshall Nirenberg）最终破译了遗传密码。虽然领先于其他科学家们早已经说明了这个重大问题，但是尼伦伯格解决了如何读出构成每一个基因的秘密问题。用我们前面曾使用过的一个类比来说，尼伦伯格的发现相当于在没有使用手册帮助下解决了破译摩斯码的问题。实质上，他破解的是生命密码。

基因变体——好的、坏的与中性的

虽然大多数基因变体对人没有任何影响，但是有些是对人体有益的，有些则是对人体有害甚至致死性的。

例如，BRCA1基因的遗传密码中的变体是公认与患乳腺炎的高风险有关系，虽然BRCA1基因本身（如果它不含任何变体）具有保护机体免受乳腺癌侵袭的作用。换句话说，正是基因中的变体引起了疾病，而不是基因本身。通常来讲，我们所有基因都是经过几万年的自然演进而不断提高生存能力。因为一个基因一代代传递，所以变体也可能伴随产生，并且还可能改变那个基因的功能。正因为如此，基因可能随着时间而变化，而恰恰这一点才是人类进化的根基所在。但是有时候，一个基因内的变化可能会引起基因作用机理对身体的有害变化，这也是我们现在知道的某特定基因与某特定疾病有关的原因。

许多因素都可以导致产生基因变体。一些变体是由过多的阳光照射、环境污染、吸烟、辐射、营养不良和其他一些环境及生活方式等因素引起的。其他一些变体则可能由于人体衰老或其他偶然差错，如细胞分裂时出错等原因引起。

要了解DNA内如何出现的变异，你也许会联想到用电脑敲写长文本文件这个例子。你很可能会出现打字错误。实际上，一本书里面没有一处打字错误的情况几乎是不可能的，正好说明我们每个人的基因结构（由60亿个碱基构成）中都含有许多变体的问题。因为你整个机体里面有几万亿个细胞，而每天有少部分细胞在分裂，所以科学家们认为每天会有几千个差错出现，这很像我们的电脑经常但并非总是检测并自动修改我们的打字错误。但是，即使我们的机体不能修正差错，大多数情况下变体也是无害的，对我们的身体不会产生影响。

当变异发生在一个精子或受精成为胚胎的卵子里的时候，变体就会成为所生孩子DNA中永久部分，并且存在于他或她的每一个细胞中，包括他的精子或她的卵子含有一半变体。之所以是50%，是因为我们前面已经讨论过，即使你的每一个细胞都含有完整的基因结构的两个拷贝，但是精子或卵子所含的单个拷贝是随机的，因此，如果两个拷贝中一个出现变体，那么每个精子细胞或卵子细胞就只有50%的概率含有这个变体。继而，当那个孩子长大并有了自己孩子的时候,他或她的孩子也会有50%的可能继承这一变体。这就是基因变异成为DNA永久部分并一代代传下去的方式。实际上,这就是进化方式。

因为每个人的DNA都含有基因变体,所以完美无缺的基因结构是不存在的,明白这一点很重要。完美在遗传学中不存在是因为,正是一些缺点才导致了多样性,正是多样性才使我们进化、适应和生存。如果DNA中没有这种缺点,也就是说,如果没有变体存在,那么我们人类也不会有今天。但是,有些缺点(基因变体)对人体有益,有些则对人体有害。我们现在利用基因检测和预测医学能够侦测和攻克的正是这些有害变体。

远古DNA解码

利用高科技,科学家们现在能够估算出一个具体基因变异第一次出现的时间。例如,已经发现一个MYH基因中的变体出现在大约530万年前,甚至早于我们人类物种“智人”的存在。这种变体使得食物咀嚼肌肉变小。这一变化很重要,因为在那之前,人类面部肌肉太大,占据了我们远古祖先头部的大部分,因此限制了大脑容量。基因变异带来的面部肌肉变小意味着大脑有进化空间并有较大的容量增加。这一人类进化历史中的小插曲已经由一些古生物标本所证实,这些标本显示人类大脑通过长时间的进化而逐渐增大,直到部分猩猩科属最终演化为单独的不同的物种——人类!

你也许还记得,在迈克尔·克莱顿(Michael Crichton)的最畅销书和非常轰动的电影《侏罗纪公园》的一开始,科学家们就从几百万年前被困在树脂中的蚊子体内获得了恐龙的DNA。从科学角度来看,这似乎是合理的,因为DNA经过很长时间都是稳定的,尤其是在永久冻土中冷冻或封闭在像树脂这类隔绝空气的物质中的情况下。实际上,科学家们已经研究了一些埃及木乃伊的,甚至更远古物种的DNA,包括3万年前灭绝的穴居人。我们的发现相当有趣,从穴居人的基因组序列中,我们现在知道他们都有乳糖不耐症;他们一些人是红头发;他们拥有一些和我们一样的与语言有关的基因,因此他们也许有基本的语言。

在不是很遥远的未来的某一天,我们或许能够利用远古DNA来还原一些消失的物种,如恐龙和穴居人。这种可能性要比科幻更接近实际。

基因变体使人的疾病风险增加,对于与这种变体相关的疾病来说,通常也存在其他变体能够降低那种疾病风险或表现出具体特征。具有这些变体的人是我们人种中真正的"神秘人物"——你也许就是其中之一。下面是一些值得注意的变体及其作用。

表3　基因变体及其作用

不 同 寻 常 的 特 征		
特　征	基　因	发 挥 作 用 方 式
特别长寿	CETP；APOE；FOXO3A	这些基因控制着机体处理胆固醇的方式。在某些人群中,这些基因的变体会使人们或有较高的高密度脂蛋白(HDL,有益的胆固醇)水平或有较低的低密度脂蛋白(LDL,有害的胆固醇)水平,甚或在细胞层面上增进保护以抵制氧化应激。这些都可以降低患有心脏血管疾病的风险,从而增加人们活到100岁或更长寿命的可能性。在这些基因的变体中,有些还表现出保护智力的功能,因此,有这些基因变体的人不仅活得长而且还保持智力敏锐
超强体力	MSTN	这种基因是为肌肉抑制素编码的,而肌肉抑制素是一种限制肌肉生长的蛋白质。这种基因的变体会使机体产生较少的肌肉抑制素,从而产生施瓦辛格式的肌肉块和超人的力量,甚至在儿童时期就会出现这种现象
提高的记忆力	WWC1	这种基因在大脑的记忆区域里非常活跃。这种基因中的变体会使大脑不太费力地保持记忆。正因如此,具有这种变体的人们都有着非常好的短期和长期记忆力。有初步证据显示,这种变体也许还会使人免受老年痴呆症的困扰。虽然这种变体会在世界各地人群中出现,但最常见的还是在亚洲人群中
极佳的运动表现	ACTN3；ACE；EPAS1	这些基因在肌肉里生成很重要的蛋白质。这些基因中的变体影响着肌肉在大幅锻炼过程中消耗能量的方式(所谓肌肉效率),同时还决定着肌肉通过训练能获得多大的力量。这些基因中的其他一些变体还影响着机体的氧敏机制,如在锻炼过程中肺部和心脏如何将氧输送到肌肉。这些变体中有一些与短时力量型运动倾向有关,如足球、奔跑、短距离游泳、体操、网球、拳击、摔跤和举重。其他变体与长时耐力型运动倾向有关,例如跑马拉松、越野滑雪、长距离游泳、长距离骑自行车、三项全能运动、划船和爬山。一些研究还探讨了包括许多奥运选手在内的精英运动员,并发现他们中许多人的这些基因中具有特殊形式的变体(第五章将进一步讨论利用基因检测优化体育训练问题)

不 同 寻 常 的 特 征		
特 征	基 因	发 挥 作 用 方 式
通过人乳喂养提高智商	FADS2	人乳喂养已经证明可以提高孩子一生的智商,但必须是孩子在FADS2基因中有特定基因变体的情况下(参见第六章)
理解力与认知力	CHRM2	虽然对理解力遗传基础的研究有很大争议,但此研究已经最终证明认知力和智商是由遗传因素和非遗传因素决定的,如教育水平。基因成分构成了智商中的50%～80%;其余则由非遗传因素决定。这一基因生成的一种蛋白质与人脑处理和传输信息有关(又称为神经传导)。这一基因中的某些特殊变体能够产生大约5个智商分值的差异。
抵抗艾滋病病毒感染	CCR5	这一基因负责生成一种居于免疫细胞(人们通称的白细胞)表层的蛋白质。当一个人受到艾滋病病毒感染时,病毒就会进入血液,它通过附着在这种蛋白质上来感染免疫细胞。一旦病毒感染了一个人的免疫细胞,它就不断复制和扩散,这个人就表现出"艾滋病病毒阳性"。因此,这一基因生成了艾滋病病毒感染患者所需的蛋白质。但是,这一基因内的特殊基因变体能够阻止这种情况发生,也就是这种蛋白质生成不了。如果艾滋病病毒没有这种可附着的蛋白质,它就不能感染患者,最终,病毒将从人体内被清除,使接触到艾滋病病毒的人免受艾滋病病毒感染。每百名欧洲人中就有10人有这种基因变体,而其他民族这个比率较低(关于基因检测使我们战胜艾滋病病毒的进一步讨论可登录网址:www.OutsmartYourGenes.com/HIV.)
避免肥胖症	许多不同基因	许多不同基因都与新陈代谢规律和机体处理、储存所消耗热量的方式有关。一些基因与体重有关,其他一些与体重指数(body mass index, BMI)有关,并且一些基因还控制着身体不同区域所储存的脂肪的量。这些基因的变体已被发现与瘦弱有关(抵御肥胖症),另外一些则与体重增加有关,导致肥胖症。究竟是吃低碳水化合物的食物还是低脂肪食物有益于我们减肥有待于探讨(有关肥胖症的问题将在第五章进一步讨论)
抵御男性秃顶	AR, 20p11	仅仅看一眼一些家庭成员的照片,你很可能就推测到男性秃顶有很重要的遗传成分。长久以来,科学家们就已经知道秃顶男人有不断增多的荷尔蒙睾丸激素受体(当受体在机体内循环时常被细胞用来捕捉和绑定一种物质,如睾丸激素),但

不 同 寻 常 的 特 征		
特　征	基　因	发　挥　作　用　方　式
抵御男性 秃顶	AR， 20p11	是只在头皮部位出现斑秃，这意味着这些睾丸激素受体很有可能与秃顶有关。在这一发现之后，研究秃顶的遗传学家们开始把注意力集中在AR基因上，这是控制生成睾丸激素受体的基因。科学家发现这一基因的变体会影响机体内睾丸激素受体生成数量，因此，它们与不同位置的其他变体一起作用，要么抵御秃顶，要么促进秃顶。了解你是否有遭遇秃顶的高风险很重要，因为你越早开始使用像非那雄胺片（保发止）和米诺地尔（落健）这类药物治疗，效果会越好，而且知道自己有脱发的倾向也许会使你尽快寻求恰当的治疗
利他行为， 音乐才能， 舞蹈技能	AVPR1A； SLC6A4	甚至复杂的社会行为都有基因成分。AVPR1A基因会生成一种活跃在大脑特定区域的一种蛋白质，这种蛋白质关系到人的行为调整。SLC6A4基因关系到保证血清素（一种神经传递素）在需要时在整个大脑中的循环。这些基因变体结合在一起就影响到一些人的特性，包括利他主义倾向、音乐才能、音乐欣赏能力、舞蹈技能，甚至灵性。在古代，这些特性和行为对于我们作为一个物种的生存是至关重要的。通过礼仪活动进行的交流能力、渴望需求的言语表达能力（尤其母亲和孩子之间）、求婚经验以及在一个群体中的沟通和协调能力，所有这些都是极大的优势，因此，能够促成和促进这些行为的基因帮助我们的祖先生存下来。今天深植在我们遗传密码中的一切之所以存在是因为它使得我们祖先生存下来并经历了500多万年的进化。所以，有着音乐能力和舞蹈技能的天性倾向实际上是往昔的遗留
生理时钟 的类型	CLOCK； GNB3； PER1； PER2； PER3	你一天中最有创造性的时候就决定了你的生理时钟类型。白天型的人称为云雀，夜晚型的人称为猫头鹰。与决定生理时钟相关的基因所生成的蛋白质关系到你的内部时钟调整，即生理节奏。确实，这些基因中有一种已经被恰当地命名为"时钟基因"（CLOCK）。这些基因的变体已经证明，它们关系到你是上午时钟类型还是傍晚时钟类型的人，同时这些变体还与你的睡眠类型有关，如早睡不着早起不了型。正是因为这些基因与生理节奏有关，所以科学家们才在周期性失调的人们中广泛开展对这些基因的研究。一些变体与人的冬天低迷情绪有关，这种现象称为冬日布鲁斯或周期性情感失调。庆幸的是，一个这样的人可以通过许多方式战胜这种低迷，如接触一下模仿夏日阳光的人造灯光或短期的药物治疗

令人吃惊却是事实的是，我们现在发现的许多对身体有害的基因变体实际上一开始对我们几个世纪前远古祖先生存是有益处的。这里有个例子可以说明那是如何发生的。在我们物种生存过程的多数时间里，出血是一种常见的死因。对于妇女来说，产后大出血可能直接导致死亡，月经周期出血会引起体内铁缺失，这在数万年前则是导致死亡的巨大风险因素。对于男人来说，诸如狩猎事故中的外伤性出血，也是令人恐惧的死亡原因。后来，大约2.4万年前的时候，一个随机性变异在一个关乎血液凝固的基因中出现。这种变体的主要作用就是使流血迅速凝固，因此具有这种变体的人更可能活到成年、生孩子并把这种有益的变体传给后代。这实际上就是达尔文的自然选择实例——带有这种基因变体的人就被"自然"选择，因为他们更适合于生存，因此，这种凝血变体在整个人类群体中传递。

但是，我们现在比我们祖先活得更长，而且大出血在多数发达国家中已不再是生命威胁。不但如此，我们也在做着降低凝血风险的研究，如果机体需要的话。例如，我们一些人吸烟、服用避孕药、使用违禁药、身体超肥胖或有久坐不动的生活习惯，所有这一切都有增加血凝的风险。一个增加血凝倾向的基因变体与人的老化或其他任何生活习惯等因素结合在一起，就很可能会导致潜在的具有危害性甚或致命性的血栓、心脏病和中风。

数百万年来，我们祖先的平均寿命不超过20～30岁。但是，在过去的200年里（尤其是最近100多年），人类平均寿命已经极大提高，现在几乎达到80岁。因为我们人类进化出现了几万年，所以我们的基因必须跟上我们不断增长的寿命，也要跟得上我们当今许多新的生活方式。实际上，因为自然选择不能对我们生育年龄后期才发挥作用的基因产生太大影响，所以不会促使这些基因变化，即使有些影响的话。这就意味着，随着我们衰老而产生的疾病很可能无法通过进化而被淘汰掉，因此会疾病缠身。那么，这就要靠我们肩负起提高我们自己生存能力的使命。现在我们就要马上行动，通过理解来战胜使我们易于患病的那些基因。对于人类物种来说，下一个革命性飞跃在于我们开展基因检测，根据检测结果预测疾病风险，在疾病出现前阻止疾病等能力。我们人类不能再依赖于进化的力量来作用于自身。要进步，我们必须靠自己保护好我们的身体和健康。我们不必等待更高的技术来完成这个任务——我们现在就有这个能力。

> 我们人类不能再依赖于进化的力量来作用于自身。要进步，我们必须靠自己保护好我们的身体和健康。

征服我们的自私基因

我们可能认为，我们的基因仅是我们人类总体的一个成分。但是，如果我们从不同角度看会是什么情况呢？如果我们的基因不是我们的一部分，相反，我们是我们基因的一部分，情况又会怎么样呢？

1976年，一位具有创新精神的英国生物学家理查德·道金斯（Richard Dawkins）出版了一本名为《自私的基因》的书，在书中他提出了关于生命有机体（如人体）与它的基因之间关系的新理论。该理论认为，是基因而不是人或许可以被视为真正的基本生命形态。不是基因为我们服务，而我们的存在是为了服务它们，因此，我们继续存在的唯一理由不是确保我们自身生存而是为了我们的基因。请用片刻时间理解一下：我们人类只是寄主，而我们的基因才是这条船上的真正船长。

如果道金斯的理论是正确的，那么我们基因的主要目的是尽可能长时间地继续存在，它们要实现这一目的的唯一方法是使它们的寄主（人类）繁殖最大化。因此，对于一个基因来说，一个人只不过是它复制和生存的载体。当我们生育儿女，那些孩子就含有我们的基因，所以，当我们最终死亡，基因依旧继续生存——一代代繁衍不息。只要我们的基因赋予我们能力，使我们活到生孩子的年龄并使孩子也能生存，我们自私的基因就会不断向下代传递，因此，这些基因就实现了永生的目标。

像多数情况一样，这一思想也直接与性有关。为什么我们人和几乎所有的动物都有天生的欲望，尽可能地生育和保护后代呢？一个可能的假设是，因为我们的基因通过控制我们大脑中的神经化学物质，使我们具有这些天性需要。实际上，也许我们所有的所谓天性需要都在某种程度上受到基因诱导。

琢磨一下道金斯的这些理论，再深思一下某些事实还挺有趣。例如，我们的寿命几千年来就这么短，是因为我们一旦完成了生育任务并把后代抚养到他们能自我照顾的年龄，我们的基因就没理由让我们继续活着了。现在，当我们衰老的时候，如果我们机体得了癌症或者我们心脏动脉堵塞或者我们大脑痴呆，我们的基因就没有多少"同情心"。它们使我们能够成功生育和抚养后代，但此后的事情都是无关紧要的——对它们来说无关紧要，但对我们来说不是。

这种说法是否让你怒不可遏。我非常生气,因为我知道,当我逐渐老的时候,60、70、80岁或者更老,我也想继续活着,我也想让我的身心保持健康。到那个时候,我的基因也许认为我在这个世界上的使命已经完成,但是我肯定我不会屈从。

在过去,我们别无选择。我们是寄主,我们的基因是主人,它们决定着我们无以抗拒的命运。但是,当今我们可以通过与基因斗智来战胜它们。我们现在明白500多万年来存在于我们和我们基因之间的层级关系,并且通过基因技术,我们最终能够逆转那种位置模式。我们可以通过控制我们的基因抓住控制权。这个过程的第一步是要了解我们自己,需要弄明白我们每个人究竟有什么基因和什么基因变体。

这并非是说我们没有基因可以生存,只是在讲,我们可以开始对局面施加控制了。通过这样做,弄清基因并夺取它们的控制权,我们就能够在很大程度上维持和延长我们的生命。

0.5%起的作用

通常来讲,你是独一无二的;全世界也没有另外一个人和你有着一样的基因结构。但是,从遗传学角度看99.5%的人又是一样的,这也是不争的事实。这就意味着你的基因结构99.5%和我的一样。那这怎么可能呢?我们怎么可能独一无二的同时还99.5%相同呢?答案是,正是那0.5%起了作用。

因为你的基因结构含有总量为60亿的碱基,总量中仅0.5%的变异就意味着有3 000万个碱基的变化,这正是人们彼此不同的原因所在。即使我们也许共有99.5%的完全相同的基因结构,但是我们仍然有约3 000万碱基在我们不同的基因组中。现在,思考一下,你的DNA中仅有一个碱基变化可能带来的巨大影响,如,使你有不同的发色、影响你品尝不同食物的功能、决定了你的血型、使你患有某一特殊疾病。如果这些变化中的每一个变化可能源于一个单一碱基的变化,那么3 000万个不同碱基的变化很明显会带来巨大差异。

> 遗传密码的真正意义不在于使我们人类相同的百分数量,而在于使我们每个人独一无二的变异。

就预测医学来说,遗传密码的真正意义不在于使我们人类相同的百分数量,而在于使我们每个人独一无二的变异。

人类基因组计划

科学家们一了解基因如何传递、变异如何产生、基因如何几乎决定着我们为人类的各个方面,他们就清楚地意识到,了解2万基因中的每个基因的确切序列,以及它们在我们染色体上出现的确切位置将是异常重要的信息。

1990年发起的"人类基因组计划"是一个国际研究项目,完成了组成人类整个基因结构的所有碱基的一个准确序列图谱。人类基因组计划原定总耗资30亿美元,到2005年完成。当时一个由克雷格·文特尔(J. Craig Venter)博士经营的叫作塞雷拉基因组(Celera Genomics)的公司却宣布他们实际上可以用时更少耗资更低(大约只有3亿美元)来完成这个任务。正如通常规律,竞争带来了创新需求,使工作更有效率,这种竞争局面大大加速了整个计划的推进步伐。2000年,时任美国总统的克林顿出面使二者(人类基因组计划与塞雷拉基因组公司)相互妥协,并宣布第一个完整的人类基因组成功测序的殊荣同时属于这两个研究团队。2000年向世人宣布的是测序草图,实际上最终序列图谱是2003年完成的。

当今,全世界每年有几万个基因研究项目在进行,开始把这一极具价值的研究全部从实验室转移到医生办公室里的时代已经到来。

这一切对你和你的健康意味着什么

自从人类基因计划以及数以万计的研究项目的完成,我们现在能够检测和分析你的整个基因组并能确定你的基因结构中是否含有有害或有益的变体。之后,我们可以利用这一信息帮助你控制和改变你的基因命运。

为了进行检测,我们需要做的只是把棉签在你的口腔里转一圈来获取一些细胞。基因检测用的细胞实际上也可以从你身上任何地方获得,包括你的唾液、血液、尿液、皮肤或头发。因为你身体里的每一个细胞都含有完全相同的遗传物质,所以,从哪里取得细胞并没有多大关系。DNA甚至可以从指纹提取,因此,每次当你触摸诸如门把手或栏杆这类东西时,你就把自己的信息留下了。

当提到表皮细胞、大脑细胞和心脏细胞都含有完全相同的基因时,总会使人感觉离奇,但事实确实如此。区别只在于,通过复杂的机制,一些特殊的基因是打开的或关闭的,这取决于它是哪类细胞。因此,即使你的表皮细胞和大脑细胞含有完全相同的基因,也只有那些对于表皮来说属于特定的基因才会在表皮细胞中表现活跃,同样,只有那些对于大脑来说属于特定的基因才会在大脑细胞中表现活跃。

基因检测和预测医学手段你都可以即刻使用。你可以做不同层次的检测,我们可以为一单个基因进行遗传密码测序,或者我们也可以同时检测大量基因来查验它们是否含有任何已知变体。一个称为全基因组测序的前沿技术现在能够使我们对你的整个基因组进行测序,就像科学家完成人类基因计划那样。

表4 遗传学历史时间轴

从孟德尔到预测医学:一个时间轴	
过　去	
1866年	格雷戈尔·孟德尔的遗传理论发表
1915年	托马斯·亨特·摩尔根(Thomas Hunt Morgan)证明基因存在于染色体中,并控制遗传
1941年	乔治·比德尔(George Beadle)和爱德华·塔特姆(Edward Tatum)证明基因控制着一个细胞的功能,因为基因为蛋白质编码
1953年	詹姆斯·D.沃森(James D.Watson)和弗朗西斯·克里克(Francis Crick)发现了DNA双螺旋结构
1966年	马歇尔·尼伦伯格(Marshall Nirenberg)破解了遗传密码
1978年	科学家通过基因工程用细菌制造出可以用来治疗糖尿病的人工胰岛素。这是第一个通过利用基因工程制造出来的药物
1983年	科学家分辨出引起亨廷顿病的基因,该事件也是导致最早的疾病基因检测事件之一
1990年	人类基因计划发起
1994年	科学家探明了BRCA1基因,并能够开始预测妇女乳腺癌的遗传风险
现　在	
2000年	人类基因组计划和塞雷拉基因组公司成功完成了整个人类基因组测序初始草图
2006年	综合基因检测的成本持续降低、功能不断增强,使得科学家们能够在一次检测中检测数以千计的基因和基因变体,使得预测医学成为现实。这标志着预测医学开始向疾病发起钳形攻势

	现 在
2010年	全基因组测序开始投放市场,而且个人可以随时对自己的整个基因组进行测序。全基因组测序为全基因组分析提供了全部所需信息,这样一来就可以提供关于几乎所有已知疾病和个人特征的信息
2018年	基因疗法用于治疗甚或治愈诸如囊肿性纤维化和镰形细胞贫血等疾病。随后会出现更多的基因疗法,包括用于治疗帕金森、克罗恩病和关节炎等疾病的疗法
	未 来
2023年	基因工程研究转化为医疗保健,使我们能够改变人体内的特殊基因变体,由此,在基因层面上改变疾病风险
2028年	人的寿命和健康状况得到极大提高。利用基因技术和预测医学,人的平均寿命也许会达到125岁或更长(而多活的这些年也会是积极有效的)

从孟德尔时代到人类基因组计划中巨大的人类基因组测序工程,贯穿整个遗传学历史,每位科学家的辛勤努力都在同消除病魔的战斗中起着意义非凡的作用。继续品读本书,我们将会探索如何利用基因检测活得更健康、更长久。

基因筛查
如何为你所用

错误认识：基因检测和基因分析实际上只是同一事物的两种说法而已。

事实：基因检测和基因分析实际上是两个不同的方面。虽然每一项自身都很复杂，但成功将二者结合则是最大利用遗传信息的唯一方法。

在前两章我们已经讨论了，从精神上、情感上和肉体上你的基因是如何以及为何能够决定你这个人的。那么，在本章，我们将详细探讨基因检测同预测医学一起会如何战胜你的基因，使你拥有一个长久而健康的人生。现在，我想解释说明的只是基因检测和基因分析如何进行，从而在你决定检测时你能够知道究竟会得到什么。

在过去，基因检测和分析费钱耗时，因此，它们主要被用来确诊已经发作的罕见病。但是现在，基因技术的进步使我们能够开展成本合算、用时有效的基因检测和基因分析，并以此来防治罕见病和常见病。

基因筛查是指用于评估许多疾病的风险和携带状态而不是以肯定的确诊为目的的基因检测和分析。因此，大多数进行基因筛查的人是健康的。但是，也有一些人或许患有某种未确诊的疾病，因为这些疾病没有表现出任何症状，所以他们也没有注意到。还有一些人也许已经知道自己患病，但是他们想对疾病做个基因层面上的全面分析。

> 基因筛查是指用于评估许多疾病的风险和携带状态而不是以肯定的确诊为目的的基因检测和分析。

基因检测

基因检测这一术语是指为你提供DNA信息的实验过程。虽然检测类别多种多样，但是，那些用于推断我们遗传密码的准确碱基构成的检测才是我们这里要讨论的检测。

做一个基因检测就是，从你身体上的任何部位提取少量的细胞。几十年前，一位叫作凯利·穆利斯（Kary Mullis，1993年因其化学成就而获诺贝尔奖）的化学家研发出一种叫作聚合酶连锁反应（pdyrnerase chain reaction，PCR）的技术，使得科学家们能够在几小时之内用聚合酶连锁反应进行体外DNA特异性扩增，使DNA片段的复制由生物学过程变成了机械方法。正因为如此，现在科学家只需从人体一些细胞中获取少量的DNA，然后不断复制，直到达到检测需要的DNA的量为止。

基因检测所需细胞的采集通常在一个医疗保健专业部门进行，但是，由于这一过程很简单，有时只是把棉签在口腔里转一圈或仅是向小器皿里吐口唾液，因此，一些公司允许人们在家里自行采集。这就意味着，基因检测通常无须抽血。细胞一采集来，就被送到一个专门实验室，在这里进行DNA分离和实际的基因检测。

> 基因检测通常无须扎针抽血。

虽然有很多不同的实验室技术可供基因检测，但是传统单分子基因测序、基因芯片测序和全基因组测序是最常用也是与你最相应的方法。

要说清这3种技术差异的一个方法是，把基因检测想象成看电影，每个遗传密码的碱基代表一帧，每个基因代表一个画面。传统单分子基因测序向我们展示的是一次看到的一个画面。因此，如果我们想看的只是这个画面，这应该是最佳方法，但是，如果我们想观看整部电影，那这个方法将会非常耗时，因为我们每次只能看到一个画面。另一方面，基因芯片测序向我们展示的是，从整部电影中关键画面上获取的大量的帧。因为我们一次能够看到取自大量画面的许多不同的帧，所以我们就了解了电影内容。但是，既然我们能够看到的只是每个画面上的几帧，那么我们仍然还会错过很多。全基因组测序向我们展示的是整部电影的每一帧，从开头到结尾，而且是高清晰度的，无疑，这一方法提供的信息量最大，但成本也最高。

单分子基因测序

基因检测的最传统方法主要围绕单个基因的测序，也就是确定完整的遗传密码。因为你的整个基因结构含有大约2万个基因,所以这种方法只能是对总数中非常少的部分进行测序。单分子基因测序的费用从几百美元到几千美元不等。

- **优点**:因为是整个基因被测序,所以这种方法极其彻底,能够探测出发生在基因中的任何及全部基因变体。如果你怀疑在你的家族中有某种罕见病,那么这个方法是检测这一疾病最有效的方法之一。
- **缺点**:如果一次要检测几个基因,那么这一方法则显得成本高、耗时长和效率低。如果你担心的疾病风险是由不同基因中的几个变体决定的,和最常见的病一样,这并非是一个好方法,因为这个方法费用太高、耗时太长。

基因芯片测序

基因芯片测序与许多名字并驾齐驱,包括微阵列、巨阵列和光纤束测序等。但无论叫什么,它们都完成同样任务,即一次确定出现在遗传密码内不同位置的确切碱基。不是推断某一整个基因的测序,基因芯片测序只是探查许多基因中特定的一些碱基。因为它们提供的信息量,基因芯片测序相对来说不算昂贵,通常也就几百美元或更少。

虽然,平均来说,一个基因含有6 000个碱基,但是在这些碱基中人们也许只了解5个碱基含有与疾病相关的变体。因此,不是探查所有6 000个碱基,基因芯片测序只探查这5个和下一个感兴趣基因中最重要的一些碱基。我们发现,要使用这一方法我们必须在开始之前就清楚地知道我们要寻找什么,因为基因芯片测序探测的只是它们被设定好要测的东西,并忽略所有其他东西。

使用这种方法,检测公司能够一次检测你DNA中的几百到几百万的任何数量的碱基。因为基因芯片测序能够探测这么多不同的碱基,所以它们可以被用来一次获得几千基因的重要信息。尽管探测几百甚至几百万个碱基仍然还是庞大总数中的一小部分,但是基因芯片测序提供信息的那些特殊碱基对我们的健康还是极其重要的。因此,只要检测被正确设定来检测最重要的内容,基因芯片测序方法实际上就能提供用途无穷的信息。

- **优点**:基因芯片测序费用不高,周期短(8~72小时),具有同时检测数千基因中最相关变体的独特能力。这一方法比较适合于检测由许多不同基因变体引起的常见病,因为基因芯片测序能够使你综合侦测所有这些变体。
- **缺点**:基因芯片测序方法对于罕见病来说用途有限,因为它们并不总是设置成能够为某一基因中的每一个已知基因变体检测。例如，囊肿性纤维化可能由一个基因中的1 000多个基因变体引起，但许多基因芯片测序方法被设计成只能检测5个或10个最常引起那种疾病的变体。因此，如果你的遗传密码中含有一个未在检测之列的罕见变体，那么你也许会被告知你不是囊肿性纤维化变体携带者，而实际上你是这种变体携带者。

全基因组测序

全基因组测序是基因检测技术的高峰。虽然其他检测技术为我们提供了很多信息，但这个方法却使我们能够一次确定你整个基因结构的所有60亿个碱基。这要归功于基因检测技术的最新发展，耗费人类基因组计划13年和近30亿美元完成的任务，我们现在只用几天或几周完成，而且费用降低到1 000美元。这意味着，全基因组测序在过去10年间已经降低了超过99.999 95%的成本，因此可以试想一下接下来的10年会发生什么。

当这一技术第一次应用时，全基因组测序产生的结果并不如单分子基因测序和基因芯片测序获得的结果准确。因此，这一方法不适合用于做医疗诊断。

但是，它的准确度在不断提高，而且在2～3年内这项技术很有可能会被临床医生广泛使用。

- **优点**：全基因组测序能够一次探知你的全部遗传密码，因此这项技术既可以用于罕见病检测也可用于常见病检测。
- **缺点**：因为这项技术刚刚面向大众，所以在应用于医疗保健之前其准确度需要完善。但是，这项新技术的准确度和用途正在快速提高和增加。

表5　基因检测对比

技　术	罕见病	常见病	检测基因的数目	周　期	大约成本（按美元计）
单分子基因测序	优良	较差	1个	几周到几个月	几百到几千
基因芯片测序	一般	优良	几千个	几小时到几天	几百或更少
全基因组测序	优良	优良	所有	几天到几周	几千

基因分析

尽管通过基因检测来确定你的确切基因结构很重要,但是确定如何分析信息并呈现给你才会使得信息真正拥有无限价值。基因检测是推断你的确切基因结构的一个实验室过程。基因分析是一个解说信息含义的过程,这样就能有助于你和你的医生采取医疗措施。

> 基因检测推断你的确切基因结构。基因分析是一个解说信息含义的过程,这样就能有助于你和你的医生采取医疗措施。

假如你刚刚做过基因检测,现在你拥有大量信息能够准确显示你的基因结构中含有什么样的碱基。那么这些碱基意味着什么呢?这些结果对你的健康究竟有何意义呢?你的基因结构说明你有患病高风险、携带疾病甚或得了疾病吗?

更重要的是,根据这些结果你能做什么来保护你的身体健康无恙呢?

要想获得以上每一个问题的答案,需要通过分析你的基因结构来确定它的含义,而且还要看你和你的保健医生会如何利用这些信息去战胜你的基因。

在不到25年的时间,我们从一次只能对一个基因进行检测发展到一次能对整个基因结构进行辨析。这些新的检测技术为我们提供了更多的遗传信息。因此,我们现在能够进行综合分析。不是只能够分析你患某一种疾病的风险,我们能够一次为你分析几百种疾病的风险。

在过去几年里,我的工作重心主要放在促进基因分析领域的发展上。取得的成果是一个更新的、更先进的分析和说明遗传信息的方法,并使它尽可能地对你和你的医生有所帮助。

基因筛查组合

筛查组合是医学上的一个重要部分。你也许在某一个关于医院故事的电视剧上听过一个医生大叫:"我需要基础代谢功能检测组合,马上!"或者豪斯医生(美国电视剧《豪斯医生》中的主要人物)向他的一个住院医生怒喊:"现在预约肝功能检测(Liver function test, LFTs)和全血细胞计数(complete blood count, CBC),你个蠢货!"所有这些英语单词首字母组合都是指筛查组合。例如,CBC代表的3个英文单词的意思是"全血细胞计数",这就是一个组合,它包括探查一个人血液不同特点的许多检测。

组合方法允许类似的医疗检测结合使用,这样,医生就不必事先完全知道他要寻找的东西,他可以让检测结果为他提供患者的情况以供判断。一位医生会惊讶地发现一个这种组合检测会有怎样非同寻常的价值,或是获得怎样意想不到的结果。有了这样的知识,医生就能够给予患者确切的诊断,并提供恰当的治疗方法。因此,组合方法提高了一个医生的诊断能力,也提高了医生良好的医疗执业效率。

基因筛查组合也没有什么不同。这些方法就是把大量信息分组成某些特定类别,以使得这些信息对于你和你的医生具有可控性。做到这一点很重要,因为现在对许多疾病和性状的检测都已出现,你需要一种方法确定哪些对你来说是重要的,哪些是不重要的。否则,你会陷入盲目甚而无从开始。

例如,你是一位女士,你很可能就应该选择女性健康组合检测,因为这一组合是针对你作为一个女性而设计的疾病和性状的筛查。对于儿童,有儿童组合,这种组合是检测所有与儿童有关的疾病和性状,包括阅读障碍、哮喘、某些运动偏向素质、如果听太大声音乐可造成的永久性听力损伤风险、乳糖不耐症、生长异常和可防范的猝死原因等。

组合检测是非常强大的工具,因为它们能够同时针对某一特定需要进行所有疾病和性状的基因筛查。这样,这种组合检测本身就能够分析出什么对你来说是重要的,而不需要你提前决定(或猜测)查什么。

> 组合检测是非常强大的工具,因为它们能够同时针对某一特定需要进行所有疾病和性状的基因筛查。

例如,一个进行男性健康组合检测的20岁男子也许会发现,即使年龄不大他也有得心脏病的倾向,但是,如果他点菜式地从疾病列单上来选择检测,因为他的年龄原因,心脏病很有可能不在其列。

组合方法在基因检测和分析领域也算是一个重大进步,因为人类第一次在一次检测中同时对罕见病和常见病进行筛查。在过去,由于成本和耗时的原因,普遍使用的对许多罕见病(通常叫作"孤立的疾病",因为这些疾病少见而且又缺乏治疗和防治的方法)的筛查并不受欢迎。但是,现在基因检测技术成本已相对不高,我们开始能够在组合方法中涵盖罕见病的检测,而且开始在筛查常见病的同时分析哪些人是罕见病的携带者和感染者。通过筛查组合的使用,我们开始能够在治疗常见病的同时减少罕见病的发生,使"孤立的疾病"最终不再孤立。

组合方法使你能够选择一组与你最相关的疾病进行检测。虽然存在许多种组合方法,但是通常只有一两种针对某一特定的人,所以选择那些最适用的组合才是直接有效的。

> 通过筛查组合的使用,我们开始能够在治疗常见病的同时减少罕见病的发生。

组合方法具有的这种集中特点,不仅使你和你的家庭成员能够更容易选择最恰当的筛查,而且还能使你的保健医生选择与他的专业一致的筛查。

例如,一个心脏病学家或许需要有关你的心脏和血管的信息,以便确定你是否有患心脏病或心律不齐的高风险,但是他不会需要有关他专业领域之外的疾病信息。

这种组合式的安排是非常必要的,因为有太多的我们现在可以检测和分析的各种可能疾病了。一次仅筛查一个疾病的方法因效率低下而正在迅速落伍。但是,对所有已知疾病进行筛查会导致信息量过大,使集中性缺乏,造成效用降低,而且最有价值的信息也许就躲在一堆检测结果中。使用组合方法便同时解决了这两个难题。

如果你在做芯片基因测序或全基因组测序,那么检测结果所提供的信息量要超过仅用单个组合方法所能处理的信息量。一旦你知道了你的基因结构之后,就可以很容易地将其保存起来,以备之后可以随时使用和分析。利用组合方法在你需要时获得的相关信息会使信息适用得多,因此在你生命的各个阶段这一信息也非常有价值。

下面是两个基因筛查组合及其分析结果。更多的组合方法将会在第二部分里呈现。

妇女健康检测组合

- 癌症,包括乳腺、卵巢、子宫内膜、宫颈、皮肤和结肠
- 心脏疾病,包括心脏病、血压、冠状动脉疾病和胆固醇水平
- 心率疾病,包括可能引起猝死的那些心率疾病
- 老年痴呆症
- 中风
- 多发性硬化症
- 女子不孕症
- 多囊性卵巢综合征
- 经前焦虑性障碍
- 偏头痛
- 肥胖症和瘦弱病
  - 体重指数(body mass inedx, BMI)、腰围和身体特定部位(如腰的两侧)的脂肪堆积
- 基于基因分析的个体化营养
- 基于基因分析的个体化运动素质,包括锻炼强度耐受性和对特殊锻炼与

运动的体质倾向
- 2型糖尿病
- 骨质疏松症
- 咖啡因体内代谢,包括咖啡因是否可能影响夜间睡眠质量
- 血栓风险,包括深静脉血栓（deep venous thrombosis, DVT）
- 抑郁症,包括冬季抑郁症（季节性失调）
- 尼古丁成瘾,包括尼古丁戒除治疗效果
- 阳光敏感性和承受日晒能力
- 关节炎,包括骨关节炎和类风湿性关节炎
- 胃溃疡
- 对传染病的易感性,包括对艾滋病毒、"非典"病毒、西尼罗病毒、脑膜炎、肝炎、胃肠型流感和旅行者腹泻等疾病的易感或抵抗程度
- 基因测试学分析,包括适合妇女药物治疗的效果、不良反应和剂量

男子健康检测组合
- 癌症,包括前列腺、睾丸、皮肤和结肠
- 心脏疾病,包括心脏病、血压、冠状动脉疾病和胆固醇水平
- 心率疾病,包括可能引起猝死的那些心率疾病
- 老年痴呆症
- 中风
- 男性不育症
- 男性秃顶
- 勃起功能障碍（erectile dysfunction, ED）药物治疗的效果
- 关节炎,包括骨关节炎和类风湿性关节炎
- 肥胖症和瘦弱病
  - 体重指数（BMI）、腰围和身体特定部位（如腰的两侧）的脂肪堆积
- 基于基因分析的个体化营养
- 基于基因分析的个体化运动素质,包括锻炼强度耐受性和对特殊锻炼与运动的体质倾向
- 2型糖尿病
- 骨质疏松症
- 胃溃疡
- 抑郁症,包括冬季抑郁症（季节性失调）

- 尼古丁成瘾，包括尼古丁戒除治疗效果
- 阳光敏感性和承受日晒能力
- 咖啡因体内代谢，包括咖啡因是否可能影响夜间睡眠质量
- 血栓风险，包括深静脉血栓（deep vein thrombosis, DVT）
- 对传染病的易感性，包括对艾滋病毒、"非典"病毒、西尼罗病毒、脑膜炎、肝炎、胃肠型流感和旅行者腹泻等疾病的易感或抵抗程度
- 基因测试学分析，包括适合男性的药物治疗的效果、不良反应和剂量

疾病矩阵与反射分析

没有疾病独立于环境而存在，所有疾病都与其他潜在的疾病和性状有联系。例如，你具有患心脏病风险的部分原因在于你的基因结构，但是你的基因结构也决定着许多与心脏病相关联的疾病风险。因此，在发现某个人有患心脏病的高风险后，我们也能够对和心脏病有关的许多疾病风险做深入的分析并提出预防措施，尽可能地来阻止这些疾病。我们甚至可以分析和提供对已经发作疾病最有效的治疗信息。根据这一信息，一个人就能够建立最有效的预防措施和治疗方案，使他不仅能够与原发病抗争还能与原发病相关的所有疾病作战。

当医生知道你也许有患心脏病的风险后，就会发出一系列的疑问，基因分析现在能够提供与每个疑问相关的有用信息。

- 是什么导致你有患心脏病的高风险呢？
  - 是因为高的胆固醇水平、血栓异常还是因为为心脏供血的血管痉挛？
- 防止心脏病最有效的办法是什么？
  - 锻炼有用吗？如果有用，对你来说最佳的锻炼方式是什么？
  - 吃某些食物、喝某些饮料会降低或提高某些患病风险吗？如果是这样，是哪些食物和饮料？
  - 药物治疗有作用吗？如果有作用，哪种药物是最有效的？哪种是最无效的？
  - 那些具体的实验室数据和测试指标对评估风险有帮助吗？
- 如果心脏病发生了，最有效的治疗方案是什么？
  - 哪些方案最可能奏效？哪些方案最可能无用？
  - 哪些药物治疗最好？哪些最糟？
- 你还有哪些相关疾病的高风险？如果你真要得心脏病的话，你预测到病情会如何？

- 猝死有多大可能性？
- 抑郁有多大可能性？
- 由于某些治疗导致的认知障碍有多大可能性？如，搭桥术就可能被认为是避免和治疗心脏病的方法。

我们获得的答案越多，我们对于个体化预防和治疗心脏病就越有效果。而且由于这些问题当中的每一个问题的答案都通过研究证实与我们的基因相关，因此，综合基因分析能够提供有助于回答所有这些问题的信息。

让我们浏览一下心脏病的疾病矩阵，这样就能清楚疾病矩阵是如何构建的，它对预测、防止和治疗疾病有多大作用。每种疾病和性状（简单起见，我们通称它们为疾病）由一个椭圆代表，两种疾病之间的联系由一条实线代表。椭圆里的阴影区分别代表着疾病矩阵中的不同层次。黑色阴影椭圆代表着原发病（在这个案例中，就是心脏病）；白色椭圆代表着与原发病有直接关系的继发病；分布着点状阴影的椭圆代表着继发病引起的病症（属于第三层次）。以此类推。疾病矩阵可以根据需要包含许多层次，可以分析与原发病有任何联系的所有疾病。

先从我们感兴趣的原发病心脏病开始，它位于心脏病疾病矩阵的中心。

然后，我们再把它同与心脏病有直接联系的疾病连接起来，如冠状动脉疾病。

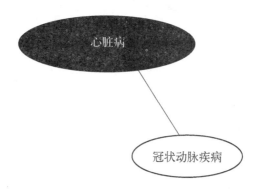

接着，我们继续连接所有其他与心脏病有直接联系的继发病、性状、防治措施或治疗方法。

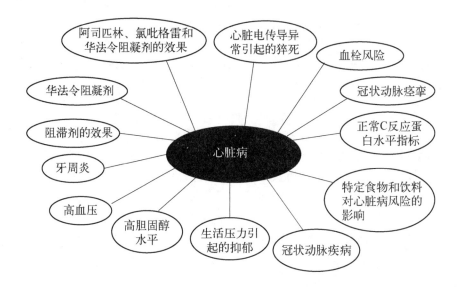

然后，我们再连第三层次——与第二层次任何疾病有直接联系的疾病、防治措施或治疗方法。为了简洁，让我们只选取两个与冠状动脉疾病相关的例子。深入分析你的遗传密码会为你提供关于这一疾病治疗方向的信息，包括药物治疗对降低胆固醇水平是否有效，以及是否对最常见的降低胆固醇的处方药斯达汀有不良反应（常用的降低胆固醇的处方药还有立普妥、辛伐他汀和罗舒伐他汀钙）。

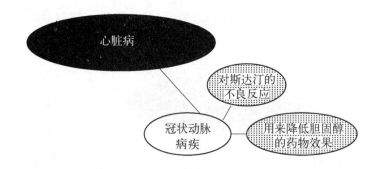

不断重复这些步骤中的每一步，直到一个完整的疾病矩阵构建完成。关于心脏病的完整矩阵如下图所示。尽管它在打印纸上看起来有点儿令人不知所措，但实际上，用它原始文档格式来阅读和浏览是相当容易的，它是一个大的电

脑显示器上展示的一个三维的、完全互动的、电脑生成的彩色模型。

　　无论罕见病还是常见病，每一种疾病都有自己的矩阵，而且疾病的这两种分法并非互不包容，因为很多时候，一种或几种罕见病存在于一种常见病矩阵的某个位置，反之亦然。例如，在心脏病的疾病矩阵中高胆固醇部分包括所有可能导致高胆固醇的原因，从罕见形式（如家族高胆固醇血症）到人们很熟悉的常见形式。因此，筛查的综合性包括的不仅仅是大量的疾病种类，还包括所有可能导致这些疾病的原因。要想了解更多关于疾病矩阵的例子，请登录：www.OutsmartYourGenes.com/DiseaseMatrix。

这个疾病矩阵能够确定疾病和你被发现有高风险所根据的性状之间的联系，最后反射分析为你的个性化的、综合性的和高度适用的基因分析下结论。

当然，接下来的问题就是，如何让疾病矩阵提供的信息发挥作用。答案是，通过使用叫作反射分析的另一项技术。这里要讨论一下它是如何发挥作用的。例如，如果你或你的医生预约了一个妇女健康检测组合，结果你被发现存在患心脏病的高风险，那么一个特别设计的电脑程序就会执行一个反射分析，它就会自动分析在心脏病的疾病矩阵中你可能存在的所有继发病（白色椭圆部分）的特有风险。如果你被发现有任何继发病高风险，那么这一电脑程序会继续分析所有与第三层次有关的疾病（分布着点状阴影的椭圆部分），以此类推，直到所有的有关疾病被分析完。这种综合全面的基因分析方法现在是可以做到的，因为芯片基因测序和全基因组测序一次就能为我们提供几千个基因的信息。

组合检测是一种针对基因筛查的方法，它对所有相关的疾病和性状做有序安排。然后，通过这个疾病矩阵来确定疾病和你被发现有高风险所根据的性状之间的联系，最后反射分析对你的个性化的、综合性的和高度适用的基因分析下结论。

把反射分析综合成一个分析过程，可以为我们提供成指数倍的海量信息，并以此从基因角度为你制定出个性化的预防和治疗方案，这无疑对你和你的医生来说价值巨大。但如果信息无序，那么所提供的大量信息也许会变得让人无所适从，那是下一代基因检测报告会解决的问题。一个现代的、设计良好的基因检测报告是以一种清晰、直接和实用的格式呈现信息的，这样才能使得这一报告更易遵循。

基因检测报告

在做完基因检测和分析之后，所有的结果通常都要整理成一个基因检测报告。这份报告不应该令你或你的医生产生疑问，"我的天啊，这是什么意思？"一个书写完好、简洁和不复杂的报告能够使你和你的医生都能抓住重点使所有信息发挥作用，从而高效率地处理上面的所有信息。否则，无论基因检测多先进、基因分析多彻底，而最终结果不会给你带来任何实际用处。

一个基因检测报告不必含有任何难懂的术语。我看到过一些基因检测报告上使用了一些这样的词汇：遗传型、对偶基因、优势比、单核苷酸多态性和多态性，因为有一派学者认为在收到遗传信息之前每个人都应该知道了一些科学知识和遗传学术语。但我的方法是，写的基因检测报告要让每个人都能懂，不管他的专业是否属于遗传学或医学领域。

医生的任务是，假定你对他的专业一窍不通，因此，以尽可能简单而直接的语言向你传递信息。预测医学也不例外。如果你想读一下有关遗传学的文章，你有很多资源可以利用，从流行的网站到科技书籍，但是，一份写得很好的基因检测报告永远不应该认为你已经读过那方面的材料或要求你对遗传学有所了解。

下一页是取自一份关于妇女健康检测组合报告中的一页，作为样本。我这里只选择了心脏病的检测结果，但是完整报告包括许多其他疾病的检测结果。要想从一个样本报告中了解更多信息，请登录我的网站：www.OutsmartYourGenes.com/Report。这个报告样式是在与很多人交流之后产生的，这些人都是接到过基因检测报告的人，他们都曾填写过那些费解乏味的信息，很明显他们被看作是遗传领域的博士了。

正如这些报告样本页显示的那样，包括简洁的描述、易于理解的基因检测出的风险结果和适用的防御措施，这些有关每个疾病的信息都是安排有序和直接明了的。报告中还包含一些代表着其他重要评价的图表，如疾病的临床意义（它会多严重地影响你的身体健康）和是否有可行的措施来有效降低这一疾病风险。

因为医生们经常时间紧迫并希望尽快拿到所有的相关信息，所以，针对医疗保健人员提供的报告中的一些部分是把关键信息总结成两三页，并最先提供与临床最相关的结果。在报告的这一部分中也许存在一些较专业的术语，它也许包含某些医生专用的信息，如具体药物治疗中的剂量建议，这个在原发病报告中是没有的。如果能让你和你的医生更容易、更有效地理解遗传信息，那么你的医生就会更有信心把基因筛查作为一个为你提供真正个性化医疗的方法。

表6　女子健康检测组合——心脏病风险评估

基因检测报告 CIN 0042882220	页码 保密信息
心　脏　病 　　当心脏供血中断时心脏病就会出现，并引起心脏组织死亡。因为会出现猝死或发病后心脏机能紊乱，所以说心脏病是一个急症。最常见的原因是为心脏供血的某一血管内产生了菌斑堆积，这种病也叫作冠状动脉疾病，与高胆固醇水平有关。	

美国每年有超过百万的人遭受心脏病的折磨,而且这些人中约40%的人会死于心脏病。包括心脏病在内的心脏疾病是世界上最主要的死亡原因,但实际上却存在着无数预防措施。

**关于你的预测医学
寿命风险**

61%

风险	临床意义	措施可行性
一般寿命风险=32% 你的寿命风险=61% (这相当于90%高风险)	这一疾病对于影响你的身体健康起关键作用	防治措施已经证明有助于阻止或减慢病情发展

发病和症状

过了40岁以后你就有极大的患心脏病的风险。心脏病的症状包括胸痛,这会向下引发左臂痛,向上引发下颌痛,其他症状还表现为气短、无力、盗汗和反胃或恶心等。心脏病是个疾病,如果你觉得你的心脏病在发作,就应该拨打120或即刻前往最近的急诊室。

基因层面的个性化预防措施

监 测	生活方式的改变
※ 请和你的医生或心脏病学家讨论一下你的风险和接下来的预防措施。 ※ 你还是可能患上冠状动脉疾病、高胆固醇和高血压的,每种情况都会增加心脏病风险。控制它们的同时提高警惕会很大程度上降低心脏病风险。 ※ 医生可以为你进行很多检测,包括量血压和放射检查,以此来监测你的胆固醇水平、冠状动脉疾病和心脏病。	※ 每天喝5盎司(约141.75克)的红酒也许会降低你的高胆固醇水平并使心脏抵御伤害。你虽不酒精上瘾但每天饮酒过量也许对你健康不利。 ※ 每周吃至少一小碗的菜花、绿叶菜、白菜、大头菜、孢子甘蓝或小白菜也许会降低心脏病风险。但是,你也许不喜欢这些蔬菜的味道,因此,可以考虑与其他食品搭配在一起使其可口。§ ※ 从基因层面说,你的心脏病风险与牙周炎的高风险有关。良好的口腔卫生和每年的口腔检查也许会降低这两种病的风险。

药 物 治 疗	疾病介入治疗
有效果的 ※ 如果你对稀释血液的药物华法林过敏，那么你也许被要求有规律地降低剂量来避免不良反应，如出血。 ※ 阻滞剂和阿司匹林很可能有效果。 ※ 斯达汀在降低心脏疾病风险上应该有效。你不大可能对斯达汀有不良反应。 **无效果的** ※ 氯吡格雷也许在降低心脏病和心脏疾病上效果不佳。	※ 血管成形术在清除动脉垃圾上也许有效，所以在这一手术之后很快再患上动脉栓塞的可能性比通常情况小。§ ※ 如果需要动脉搭桥，那么这个手术使你不会有认知能力衰退的高风险。§ ※ 得了心脏病后你不会增加抑郁风险，但是，如果你真的有抑郁症，那么抗抑郁药物治疗（SSRIs）应该是有效的。
	额外信息 ※ 美国心脏协会网址：www.americanheart.org

注：§＝在被公认为确定结论之前还需要更多研究验证的初步联想。

表7　女子健康检测组合——结肠癌风险评估

基因检测报告 CIN 0042882220	页码 保密信息

结 肠 癌

　　结肠癌是在结肠或直肠内形成的癌症。它在最常见的癌症中排在第三位，而且在所有癌症中死亡率也排在第三位。

　　每年有大约15万新增的结肠癌确诊病例。但是，美国癌症协会和多数医生认为，如果这一疾病能早期发现，死亡几乎是完全可以避免的。已经有无数预防措施证明可以降低结肠癌风险，而且有很多筛查方式确保疾病一旦出现能在尽可能早的阶段被发现。

关于你的预测医学
寿命风险

21%

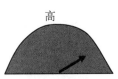

风险	**临床意义**	**措施可行性**
一般寿命风险 = 6% 你的寿命风险 = 21% （这是一个相当于25%的高风险）	这一疾病对于影响你的身体健康起关键作用	防治措施已经证明有助于阻止或减慢病情发展

47

发 病 和 症 状

　　根据你的遗传密码,这个疾病如果发生,极有可能是在你40岁以后产生影响。大多数情况下,症状会在肿瘤已经发展得很大了之后才有明显表现。正因为如此,常规结肠镜筛查是可以挽救生命的,因为常规结肠镜筛查在较早的可治疗阶段是有能力探查出这一癌症的。结肠癌也许会引起结肠内流血,在大便时会表现明显。也会表现出其他症状,如原因不明的消瘦或无力。

基因层面的个性化预防措施

监 测

※ 请和你的医生或肠胃病学家讨论一下你的风险和接下来的预防措施。
※ 由于高的发病风险,建议从40岁开始每隔5年做一次传统的结肠镜检查(不是模拟的),这样就可以对诸如息肉等癌前变化和肿瘤进行筛查。
※ 粪便隐血检查(fecal occult blood test, FOBT)在结肠镜检查间隔中的4年内每年进行一次,这样也许能额外加一层保险。
※ 如果出现不明原因的消瘦或便血,请立即向你的医生汇报。
※ 每年验一次血来确定维生素D是否在正常值。如果偏低,请与你的医生讨论一下是否补充维生素D。

生活方式的改变

※ 少吃牛羊肉,每周不要超过一次,因为如果经常吃牛羊肉,你的遗传密码很可能增加你患结肠癌的风险。
※ 不吃加工过的肉类,如热狗、香肠、风干肉肠、熏肉以及肉类冷盘或其他腌肉。
※ 尽量避免接触吸烟环境。根据你的遗传密码,如果经常被动呼吸二手烟,你有相当大的患结肠癌的风险。§
※ 不要吸香烟及其他烟草制品。
※ 加强身体锻炼。每周经常锻炼的量越大,你患病的风险就越低。
※ 避免身体超重或肥胖,尤其注意腹部脂肪,你就不易于患肥胖症。

药 物 治 疗

非处方药:
※ 只有你的医生同意,你才可以每天吃一次阿司匹林。
※ 每天一次服1 000国际单位的维生素D。

辅助性介入治疗

※ 每天吃一瓣或几瓣新鲜的大蒜

错 误 认 识

※ 维生素E的补充已经证明对降低结肠癌风险没有效果,而且研究表明它也许还有害于你的整体健康。

额 外 信 息

※ 结肠癌联盟网址：www.ccalliance.prg
※ 美国癌症协会网址：www.cancer.org

注：§＝在被公认为确定结论之前还需要更多研究验证的初步联想。

表8 女子健康检测组合——保健医生总结

基因检测报告 CIN 0042882220			页码 保密信息
保健医生总结			
★ 紧急警报 ★	高度风险	携带者	低度风险
恶性高烧	心肌梗死	囊肿性纤维化	黄斑部变性
	结肠癌	G6PD缺陷	黑色素瘤
	老年痴呆性疾病		多发性硬化症

高 度 风 险

※ **心肌梗死的高度风险**
- ○ 根据遗传信息的综合分析,与普通人群的32%风险率相比,此人在40岁以后有61%患心肌梗死的寿命风险率。预防措施在降低风险方面也许奏效。
- ○ 此人还有患冠状动脉疾病、高胆固醇水平和高血压等疾病的高风险。
- ○ 相关预防措施:(降低发生率或减缓冠状动脉疾病和心肌梗死的发展)

筛查:
- ➢ 经常性地监测血压和胆固醇水平。
- ➢ 做运动负荷超声心动图或类似检查来排除冠状动脉疾病的存在。
- ➢ 每年检测一次C-反应蛋白水平,如果C-反应蛋白水平升高,考虑开始使用斯达汀。根据基因结构,在无病状态下,此人的C-反应蛋白水平应该在正常标准范围内。

药物治疗:
- ➢ ** 华法林敏感性——考虑降低开始剂量以免出血。研究表明,每天2.9毫克的剂量也许是安全有效的,而且应该达到国际标准范围治疗时间7天左右。
- ➢ 氯吡格雷作为抗血小板治疗药对此人也许效果不大,也许无法抵御心肌梗死。
- ➢ β-阻滞剂、阿司匹林和斯达汀应该都有正常效果。
- ➢ 服用斯达汀疾病风险没有升高。

生活方式与交替治疗:
- ➢ 每周吃几次蔬菜也许会降低心肌梗死风险。§
- ➢ 每天喝一杯红酒会提升高密度脂蛋白、降低胆固醇水平和防止心脏局部贫血。
- ➢ 此人心肌梗死的高风险在基因方面与牙周炎高风险有关系。考虑一下检查牙齿,确保每次看医生都能使牙齿卫生得到加强。尽量定期到牙医那里做检查。
- ○ 一旦冠状动脉疾病或心肌梗死发生,相关治疗和干预信息:

➢ 冠状动脉成形术——术后再狭窄平均风险低。§
➢ 冠状动脉搭桥术——不会增强意识能力减退的风险。§
➢ 抑郁症——不会增加由于生活压力造成抑郁症的风险。

- 5-羟色胺再摄取抑制剂（SSRIs）应该对抑郁疾病及抑郁症状有正常效果。

※ **结肠癌的高度风险**

○ 根据遗传信息的综合分析，与普通白种女性人群的6%生命风险率相比，此人有21%的结肠癌生命风险率。极有可能在40岁以后发作。

○ 相关预防措施:（降低发生率或增加最早探查出结肠癌的概率）
  筛查:
  ➢ 由于高风险，从40岁以后开始每5年需要进行一次传统的结肠镜检查，以便准确筛查出诸如息肉这样的癌前变化和癌症。
  ➢ 粪便隐血检查在结肠镜检查间隔中的4年内每年进行一次，这样也许能额外加一层保险。
  ➢ 每年验一次血来确定维生素D是否在正常值。
  药物治疗:
  ➢ 阿司匹林也许对结肠癌、心肌梗死和老年痴呆症有预防效果。考虑一下同时使用质子泵的特异性抑制剂（proton pump inhibitors, PPI）。
  ➢ 补充维生素D3，如每日一次1 000国际标准单位。
  生活方式与交替治疗:
  ➢ 如果每周吃牛羊肉超过一次，从基因层面讲身体就易于患上结肠癌。
  ➢ 此人表示不是吸烟者，也不是经常接触吸烟环境的二手吸烟者。建议患者考虑每年体检一次，以此再确认——在遗传密码增加吸烟诱发癌症的风险情况下，患者没再吸烟。§
  ➢ 长期身体锻炼会降低此人患心肌梗死、老年痴呆症和结肠癌的风险。
  ➢ 每年监测体重指数，因为超重或肥胖似乎会增加患结肠癌的风险。
  ➢ 多吃大蒜也许会降低患结肠癌的风险。

○ 一旦结肠癌发生，相关治疗和干预信息:
  - 5-氟尿嘧啶（5-FU）——正常反应，没有增加毒性的风险。
  - 依立替康（Irinotecan）—— 由于UGT1A1*28 / *28基因作用，较高剂量会增加嗜中性白细胞减少症和腹泻的风险。
    低剂量（100～125 mg/m^2）条件下的毒性绝对风险率=15%
    中剂量（150～250 mg/m^2）条件下的毒性绝对风险率=25%～40%
    高剂量（＞250 mg/m^2）条件下的毒性绝对风险率=50%～70%
    可供参考，如果此人没有UGT1A1*28 / *28基因，那么任何剂量下的毒性风险都将是15%。

注: 1. §＝在被公认为确定结论之前还需要更多研究验证的初步联想，或者联想只限于此人具体种族和性别范围内。

2. 有任何疑问或想弄清此报告中的任何信息，请联络我们，电话号码:（×××）×××—×××。

3. 报告撰写人: 布兰登·科尔比，MD。

四

了解基因筛查

谁在做，做什么，哪里做

错误认识：所有从事基因检测和分析的公司基本上是一样的，所以我最好找一个最便宜的公司。

事实：请当心！这是和其他任何行业都一样的一个行业，不是很规范，因此，在提供基因检测和分析的公司与实验室中存在着很大的变数。

基因检测和分析（从现在起仅指基因筛查）主要由公共机构和私人公司进行。在过去几年里，来自许多不同行业的公司都挤入了基因筛查市场。其中有执业医生创办和经营的公司，还有一些主要由未经培训的临床医学、实验室的博士、风险资本家，甚至纯网络人士组成的公司。他们或者通过一位医生或者通过互联网直接对顾客提供服务。

因为存在很多选择，又因为不是所有公司提供的产品和服务都同样有用，所以在做基因筛查之前成为一个知识型消费者是很重要的。

在本章，我将总体介绍一下基因筛查过程和私人基因组检测行业，之后我将讨论一些你想思考的关键问题，如保密性和行业规范。最后，我将告诉你在做基因筛查之前必须问的5个最重要的问题（而且还有你想要的答案）。

在基因研究和开发的背后

标准的基因筛查公司做4个方面的事：

1. 利用基因研究专家积累的信息提供服务并使其与时俱进；

2. 提供基因检测；

3. 提供基因分析；

4. 做出结论。

完成这些服务的方式就是公司之间的区别所在，很少有公司能把4个方面都做得一样好。例如，一个公司也许能做出很棒的研究或者使用可靠的实验室做检测，但在基因分析和做出结论的方式上却有所欠缺。

研究性基因组学与个体性基因组学

虽然**遗传学**一词对多数人来说并不陌生，但许多人还没见到过**基因组学**一词。遗传学主要是指对基因的研究，而基因组学是指对所有基因以及这些基因与非遗传因素相互作用的研究。

要了解基因组学产业，重要的是我们要简单讨论一下两个相关领域间的差别：研究性基因组学和个体性基因组学。研究性基因组学在学术机构、医院或其他研究组织内开展，并重点解决如何辨析某一疾病的确切遗传因素。如果你曾经看到过某一报纸上标题写着，"引发某某疾病的基因已经发现"，那么这篇文章是在谈及研究性基因组学的成果。这种研究已经开展了数十年。刚开始，它主要针对罕见病，因为罕见病通常是由单个基因中的一个或两个变体引起的，因此，相对来说比较直接。但是，在过去10年中，研究专家已经能够利用基因芯片测序方式来获得大量的遗传信息。因此，这使得他们能够辨识大量的变体，也就是那些使人们易于患有几乎所有常见病的变体。

> 研究性基因组学发现与疾病相关的某些具体基因变体，而个体性基因组学恰好利用这一发现信息来为个体进行基因筛查。

在专家们完成并出版了他们的研究成果之后，接下来的一步就是把研究成果应用于个体实践——也就是，从研究性基因组学向个体性基因组学传递。研究性基因组学发现与疾病相关的某些具体基因变体，而个体性基因组学恰好利用这一发现信息来为个体进行基因筛查。对个体进行基因筛查并把结果提供给个人和私人医生的任何公司都属于个体性基因组学领域。

预测医学处在个体基因组学的前沿，因为它使得遗传信息发挥功用。个体基因组学为你提供了基因筛查途径，而预测医学则告诉你如何处理筛查结果。

从研究性基因组学向个体性基因组学的转移

不像那些工作在研究性基因组学领域的科学家那样,涉猎个体性基因组学领域的公司通常不是开展大批人群的研究,而更多的是使用专家公布的、任何人都可接触到的信息。

个体性基因组学公司提供的那类信息作用取决于每个公司如何决策和利用他们所能获得的研究成果。这些决策往往涉及是否决定使用单分子基因测序、基因芯片测序或全基因组测序;是在他们自己实验室进行基因检测还是利用外部资源进行;在分析某一疾病风险时选择使用哪些特定的基因变体;如何分析检测结果;怎样告知结果。

一些公司只筛查一小部分疾病,而另外一些公司则能够筛查几乎所有人们知道的疾病。一些公司只筛查罕见病,而另外一些公司则主要筛查常见病,还有部分公司两者兼顾。但是,公司之间差异远远超过疾病类型的划分,区别往往还在于公司对某一疾病所选择检测和分析的特定变体。如有些公司只选择使用最常见变体中的一部分,而另外一些公司选择数量要大得多。

> 探查大量的罕见病和常见病并检测与每一疾病相关的大量变体能够提供最大的信息量,进而能够进行最全面的基因分析。

很明显,探查大量的罕见病和常见病并检测与每一疾病相关的大量变体能够提供最大的信息量,进而能够进行最全面的基因分析。但是,只有少部分公司提供这类深度、全面的服务。

一旦确定了筛查哪些疾病和变体以及使用什么样的检测技术,公司就必须重点选择一个实验室开展实际的基因检测。

实验室

没有基因检测就没有基因分析所需的信息,因为目前基因检测可以只在一个实验室里进行,所以所有的个体性基因组学公司都会与一家或多家实验室建立联系。因此说,当你选择一家个体性基因组学公司时,你也选择了他们的实验室,这就意味着实验室是一个重要的考量,不应该被忽视。

有些个体性基因组学公司拥有他们自己的实验室,而另外一些则与外部实验室签署协议开展服务。虽然公司是否拥有实验室对你来说并不关键(因为这对于实验精确度和质量没有影响),但对你来说不容忽视的是,公司使用的实验室是否有CLIA或ISO15189认证,这意味着

> 当你选择一家个体性基因组学公司时,你也选择了他们的实验室。

它是否是正规的并得到独立联邦机构认证的。现在你需要认清的最重要的事情是，提供基因检测的实验室数目众多，但并非都是正规的。

基因分析

在实验室完成基因检测之后，个体性基因组学公司的下一项任务就是进行基因分析。我们已经讨论过，只提供检测结果与实际进行深度分析来发挥作用是有很大区别的。

告知结果

个体性基因组学公司的最后工作是提供一份结果报告。有些公司只通过医疗保健专业人员（如医生）才提供基因筛查服务，之后这些人员再把这些服务提供给患者。其他一些公司则直接向顾客提供服务，因此绕开了医生。几乎所有的直接服务顾客的公司都是通过互联网提供结果的公司（可登录他们的网站查看自己的结果），但绝大多数公司都只通过医疗保健人员提供基因筛查并给予打印形式的结果报告。

就基因报告来说，包含3个不同因素：可行性、综合性和清晰性。例如，有些公司提供的基因报告具有可行性，使你能够攻克自己的基因，而另外一些公司则避开这类信息，例如，他们也许告诉你有患痴呆症的高风险，却不告诉你这意味着什么，也不告诉你如何降低这类风险。

有些公司还通过检测组合、疾病矩阵和反射分析等方法提供全面综合的结果，而另外一些公司提供的结果根本谈不上综合性。有些公司提供的结果也许不好理解，因为书写的报告主要是为遗传学家服务的，而另外一些公司提供的报告则更简洁、更直接，所有的人都能看懂。在本章的结尾处将会出现一份个体性基因组学公司的列表。

整个过程总结

这里再深入探查一下整个基因筛查过程。从你身体上获取一些细胞并送到一家个体性基因组学公司之后，公司就把这些细胞送到一个实验室。实验室对这些细胞里的DNA进行提取和提纯。然后利用单细胞基因测序、基因芯片测序或全基因组测序对DNA进行基因检测，检测的结果是代表你基因结构的一串字母（碱基）。遗传信息量可以很小，如某单个基因里的一个或两个碱基，遗传信息量也可以很大，如你的整个基因结构中的60亿个碱基。之后，这些信息再通过电子方式从实验室传递到那家个体性基因组学公司。这家公司再对遗传信息进行分析、总结报告并把结果给你的医疗保健专业人员或直接给你。从开始到结束，整个过程要用一周到几个月的时间不等，这主要取决于实验室和个体性基因组学公司的效率。

为使你在做基因筛查时做出明智决定，本章其余部分将为你提供这方面的必要信息。在评价一家个体性基因组学公司时，如果你知道重点考察什么，那么你获得的检测结果将更可能有益于你的身体健康。

直接对客户的基因筛查

直接对客户的基因筛查是指直接提供给你的检测和分析服务，而不需要你去医生或其他医疗保健专业人员那里。直接对客户的基因筛查市场实际是个新兴市场，因为它绕开了医疗机构，所以在有些国家（如德国）这项服务是被禁止的。在提供这类服务的许多公司中，有些公司重点是为医疗服务，而另外一些公司则宣称，他们的基因检测只是为了满足人们的新奇、娱乐、消遣和了解的目的，也就是说他们提供的结果只起到信息作用。

族谱（家世）基因检测

族谱基因检测是用来确定你的家世和种族起源的，在很大程度上，这是一种出于新奇目的的检测，而并非为了医学应用。实质上，族谱基因检测就像建立一个基因家谱。

尽管基因检测无法告诉你祖先的祖先的祖先是谁，但是它能确定你的祖先们很可能是美洲土著人、欧洲人、非洲人、亚洲人、东亚人还是利未人（《圣经》上，摩西的哥哥亚伦嫡系的泛称）。有些检测甚至能向你展现你的先人们从他们原始居住地到当今地点的最可能的迁移路线，同时还能显示发生迁移的最可能的时间。其他一些检测能够帮助你找到那些在同一家公司做检测并与你有着亲缘关系的人，这样就可以建立一个家谱。这一家谱也许有很少的分支，但这取决于有多少和你有亲缘关系的人来做检测。

大多数族谱基因检测服务来自网络公司，收费在一百到几百美元不等。你可以登录公司网址，在线付款，通过电子邮件接收检测方案，提供你的DNA样本，接下来几周之后你就会在公司的网站上或通过电子邮件收到检测结果。

如果一个人是被收养的或不确定自己的家世背景，那么这类检测在这个时候就能发挥医学上的作用。因为有些基因变体只在某些特殊家族中才可能导致疾病高风险，所以知道这类信息可能很重要。例如，一个基因变体可能会在高加索人群中增加多发性硬化症的风险，但在日本人群中也许就不会增加这种风险。

对所有的基因检测一样，你应该查询确定检测用的实验室是具有CLIA认证资格的。如果不是，说明其没有政府监督，你获得的检测结果也可能是令人怀疑的。因为你想确保你能看懂检测结果，所以在检测前看一看报告样本不失为一个好办法。如果在公司网站上没有报告样本可参考，那么你完全可以通过邮件索要一份。一个有着良好声誉的公司会愿意尊重客户要求的。

作为一名医生，我对"直接对客户检测"方式的主要看法是，无论他们宣称什么，这些公司都是在提供一些固有的、无可争辩的与医学相关联的信息。例如，有些公司确定了你有患乳腺癌和结肠癌、多发性硬化症、老年痴呆症和帕金森病的风险，却宣称这些信息实质上不是医学意义上的。即使这其中许多公司所做的检测和分析非常先进而且通常声誉远扬，但我相信它与医学相关，所以应该有医疗保健专业人员时时参与其中。

2008年一篇名为"直接对客户基因检测：存在缺陷，缺乏职业道德"的评论发表在《柳叶刀·肿瘤学》（Lancet Oncology）杂志上。评论说，对疾病风险评估的筛查，医疗保健专业人员的参与是非常必要的，但是那些宣称提供信息目的只为娱乐的公司却常常没有医学人员的参与。

2008年在芝加哥大学和威斯康星医学院专家们做了一个小规模的调查，发现几乎100%的医生认为基因筛查需要医疗保健专业人员的咨询意见，而且90%的医生认为直接向客户推销基因筛查的行为应该受到限制。不管怎样，美国政府必须对直接向客户推销的行为、基因筛查公司提供的服务甚至公司营销时使用的术语进行法律约束。相对而言,欧洲议会则已经提出立法建议,只有通过医生进行的医学目的基因筛查才被允许。

其他基因筛查服务机构

在保健领域里诊所不断涌现,这些诊所利用各种评估手段为人们提供个性化的预测医学服务,以期帮助人们远离疾病、减缓衰老、延长寿命和永葆活力。虽然一些诊所目前只是提供某种程度的基因筛查,但是我认为用不了几年,大多数诊所就会把全面基因筛查和预测医学作为自己的服务范围。作为可以替代其他保健服务或者网上直接服务的机构,这些专业化诊所也不失为又一个为你提供这类服务的途径。

恐惧、焦虑和基因筛查

当考虑基因筛查时大多数人最有压力的问题是:"我真的想知道我是否易于患某种疾病吗?想了解实情的那种忧虑太过分会抵消筛查的潜在益处吗?"这是对未知情况的一种正常恐惧。在过去几年中,各种研究已经对基因筛查前后的人们焦虑程度进行了评估,以此来确定这种信息是否弊大于利。短时间内的适当焦虑或许有益,因为可以使人更注意潜在风险并激励其采取行动,但是超过几个月或者几年的严重焦虑很可能引起持续的负面情绪或者抑郁症。那么,这些研究说明什么呢?

在1999年,英国伦敦国王学院和莱切斯特大学的专家们对50多项研究进行了广泛讨论,预测一个人疾病风险诸如心脏病、癌症、骨质疏松症、糖尿病和神经疾病会对人产生心理影响,这些研究就是评估这种影响的。他们评估了许多因素,包括焦虑、苦恼、抑郁、幸福感甚至旷工。专家们发现,心理压力加重只发生在短期内(在知道结果后1个月内)而不会在长期内(超过1个月)。他们还发现,如果有保健专业人士的咨询帮助,这种心理压力可以得到很好的缓解。

> 保健专业人士的咨询帮助可以有效降低心理压力。

当你进行任何关于某一疾病情况的医学检查时,某种程度的焦虑和压抑是肯定会产生的,这没什么大惊小怪的。但关键是,通过保健专业人士的咨询帮助确实能够有效缓解可能出现的心理压力。

2008年举办了一次文献评论,评论发表在《医学遗传学》(*Genetics in Medicine*)杂志上,其中涉及关于结肠癌、乳腺癌、卵巢癌和老年痴呆症基因筛查时造成心理影响的30项研究,文献评论对这些研究进行了评估。文章最后得出结论,基因检测没有实质性的负面心理影响。其他一些研究发现,得知有患某种疾病倾向的那些人更可能采取长期的防御措施以降低风险。

但是,如果你的筛查结果表示你没有患病高风险或实际上你患某种疾病的概率很低,又会怎样呢?一些保健服务机构会担心,在这种情况下基因筛查也许实际上带来了一种安全假象。例如,一个有着黑色素瘤家族史背景的人进行基因筛查时发现没有患此病风险,那么这个人就可能少用防晒霜吗?

2009年,犹他大学的专家们开展的一项调查表明,实际上情况并非如此。那些知道自己没有患黑色素瘤病高风险的人们仍然继续采取防晒措施。而且,当这些人在户外待的时间较长时,他们就穿上防护衣。一个可能的原因是,所有这些调查参与者都得到了保健服务机构的建议,所以他们非常明确基因筛查的意义,同时也被告知免受阳光照射仍然很必要。

这些发现是对一项早期研究结果的补充。早期研究发现,一些被查出有患黑色素瘤遗传高风险的人们变得更加注重保护自己免受太阳照射,同时进行自我筛查检测,并定期去看皮肤科医生。只有给出恰当建议的基因筛查,对进行黑色素瘤患病风险检查的人才是有益的,无论筛查结果是什么。

可以由医生、执业护士、医生助理、遗传学顾问、心理学家或其他保健专业人员提供建议,而且这往往发生在医生办公室或诊所。一些直接对客户检测的公司现在也通过电子邮件或电话提供某种程度的建议。

要决定以哪种方式或在哪里获得对你的建议,这取决于你个人的偏好是什么以及你所相信的能使你感觉最舒服的那种方式是什么。但是,无论你以什么方式获得建议,一个保健专业人士在基因筛查时提供的建议能够缓解恐惧,排除误解,而且使你更好地理解检测、分析和结果。

遗传风险评估

大多数个体性基因组学公司在评估一个人的疾病遗传风险时都使用类似的方法。

对于罕见病来说,风险评估非常直接。基本上存在3种可能性:你是一个携带者;你很可能患这一疾病;你既不是携带者也不是感染者。对于常见病来说,评估时则综合考虑与造成疾病的所有变体有关的风险,也可能考虑非遗传因素——比如你是否吸烟。通常,常见病风险以一个终生风险值的方式很容易表达出来。

关于评估常见病风险的一个说法是,一些变体增加疾病风险的概率很小。例如,一个变体有50%的可能增加某一疾病风险,这也许听起来很严重,但是,如果普遍人群中每个人患此病的终生风险概率是2%,那就意味着有这种变体的人的终生风险概率只有3%。从这个情况来看,50%的风险增加似乎不再令人不安。

正是出于此因,你就有必要知道对于普遍人群的终生风险值和根据你的基因结构得出的你自己的终生风险值。比较二者才能够使你和你的医生确定你的风险是否严重,是否需要采取措施。

虽然有些遗传学家对于增加某一疾病风险的变体不予考虑,尽管数量不大,但我还是发现它们有着巨大价值,主要是因为它们往往不是孤立出现。这也就是说,一个人或许携带与同一疾病有关联的几个不同变体,这些变体中每一个增加风险的可能性微乎其微,但是,放在一起就可能带来临床意义上风险的巨大增加。

初始性研究有用吗?

包括个体性基因组学和预测医学中使用的基因研究成果,任何科学调查结果的公认都取决于独立专家们再验证那些发现的能力。因此,在我们断言某一特定基因变体是否真的与某一疾病或特征有关之前,至少需要两项或更多的研究表明类似的结果。如果仅仅是一项研究表明了这种联系,那么这些结果则被认为是"初始性的",需要再验证。

作为一名医生和遗传学专家,我认为初始性研究成果(如果研究做到了很严密而且坚持了最高科学标准)也许有价值。例如,在某些情况下,变体也许与某一罕见病或特征有关联,而恰恰这一疾病和特征却仅仅被一个研究小组研究过。基于这一条件,这些研究提供的初始性信息也许是唯一可获得的信息。还有另外一些情况,专家们也许对某一特定变体和某一疾病间的联系进行了很细致的检验,结果认为初始性研究结果是可靠的。只要你和你的医生能够理解初始性研究的试验性本质,我认为这样的研究结果就不应该轻易被轻视和忽视。

你和你的医生是选择初始性研究成果还是使用完全验证的信息，这当然是一个个人的决定，这也许取决于你在评估哪类风险。例如，如果你对心脏病风险感兴趣，你也许选择使用完全现成的信息。但是，如果你患有一种罕见的白血病，你的医生正在两种可能药物治疗间做选择，而且也许只有一项研究曾对此两种方案做过对比。如果该项研究表明，根据你的基因结构，其中一项治疗方案比另一项更有效，那么你们两个也许就会以这一信息为依据采取措施，即使证据还处于初始阶段。

一般来说，决定是否依据初始性信息采取措施很可能取决于与疾病相关的预防措施带来的后果。举例来说，如果初始性研究表明，多吃蔬菜可以降低患心脏病的风险，那么采取这种行为既是有益的也是可逆的，因此潜在的益处远远超过微不足道的风险。另一种情况，如果建议的预防措施是做一个大的外科手术，那么你和你的医生仅依据初始性研究证据时就需格外谨慎。

> 一般来说，决定是否依据初始性信息采取措施很可能取决于与疾病相关的预防措施带来的后果。

问题的关键是，你选择的个体性基因组学公司必须清楚它的报告是依据初始性研究还是再验证研究，这一点非常重要，据此你和你的医生才可以做出明智决定——是否依据这些报告采取措施。

这些成果有多大作用？

关于基因检测和分析的临床作用一直有很大争议。例如，2008年《新英格兰医学杂志》上发表的两项研究成果，被媒体放在头条引用说："基因筛查对预防糖尿病鲜有帮助"。不幸的是，这种说法似乎并不确切。首先，这两项研究实际上显示出基因筛查确实比目前现有的方法（如依据家族史、体重或体重指数）能更好地预测一个人的糖尿病风险。非常可能的是，批评家们简单误读了研究成果，研究结论只是说基因筛查能"些微地"提高风险预测能力，用"些微"一词就是在说这样筛查的总体作用还不确定。

另外，他们忽视了一个事实，所有从事研究的医生都会确保了解每一个患者的完整的家族史并计算其体重指数，这是研究规定的内容，而基层医生也许不会像从事研究医生那样调查的全面和频繁。许多基层医生工作忙碌，以致无法进行一个全面但耗时的糖尿病风险评估，他们只是把有限的时间放在诸如感染或关节疼痛这类更急性更直接的疾病治疗上。而且，即使医生告知患者他的体重指数显示有患糖尿病的风险，患者也可能不在意这一警告，因为不具体，他也许在想："我知道你和每一个体重过高的人都说这一套"。另一方面，遗传信息是很私密的东西，因此，患者更可能严肃对待并听从医生的防范建议。

最后一点，批评家们忽视的一个非常重要的事实是，基因筛查比任何其他方法能提前几十年预测出糖尿病风险。一个肥胖的成年人很可能小时候是一个很健康的孩子，因此说，只有通过基因筛查才有可能警告这个孩子和他的父母要确立营养健康目标来防止和降低以后生活中患糖尿病的风险。

这里并非在强调医生应该使用基因筛查法代替其他方法来预测糖尿病的风险，而是在说基因筛查是一个能够提供更加个性化和具体保健的有效方法。基因筛查不仅使医生快速准确地预测疾病风险，而且还能够提供有关防止和治疗这一疾病的个性化遗传信息。

> 基因筛查可以提供特定针对个体基因结构的治疗和防治建议。

一个更精辟科学的评论来自杜克大学专家大卫·戈德斯坦（David Goldstein），他是一位遗传领域深受尊敬的专家。在2009年发表的一篇文章中，大卫·戈德斯坦指出某些疾病和特征受控于数以百计甚或数以千计的罕见基因变体，而今天大多数个体性基因组学公司检测的只是最常见的基因变体中的一小部分，因此并未揭开整个画面。我对此评论持双重立场：首先，有些个体性基因组学公司确实检测几乎所有与疾病有关的已知变体而不管是常见病还是罕见病，因此，这些公司能够通过大量信息做出风险评估。其次，虽然可能有许多我们尚未发现的与某一疾病有关的变体，但我认为我们现有的知识足以能够为患者和医生提供预防疾病的有效信息。

随着时间的推移，被发现与某一特定疾病和特征相关的变体当然会越来越多，但是那并非意味着我们不能或不应该使用我们当前的可用信息。虽然一些评论家探查信息来发现不足，但我却宁愿探查信息来发现我们已经取得的大量进步。

尽管我们还没有全部答案，但是一定要牢记医学科学是不断变化着的而且总是在发展、进步和改善的。医学发展历史已经向我们证明，我们现在拥有的知识将不同于我们明天掌握的知识——但那不是否定我们今天知识的用途。我们不必为了看清全部而把困惑一一解决，因为医学上的困惑永远存在。因此，今天我们必须前进并尽我们最大能力用好遗传信息，只有这样才能保护和维护好我们未来的健康。

> 我们不必为了看清全部而把困惑一一解决，因为医学上的困惑永远存在。

应该了解的制度

在全球范围内,对于个体性基因组学产业的规定都不是很严格,在美国食品药品管理局当前就没有这方面的规定。我们现在拥有的对个体性基因组学唯一的监管来自医疗保险与医疗救助服务中心(centers for medicaid and medicare services, CMS),这是一个联邦机构,旨在加强临床实验室标准,即我们知道的临床实验室改进法案(clinical laboratory improvement amendments, CLIA)。

在美国,任何开展临床试验的实验室都必须有CLIA颁发的资格证书。这里的关键词是"临床",因为一个不是用于人类医学目的的试验所需设施就不需要CLIA证书,如研究实验室或兽医实验室。因为一些个体性基因组学公司宣称,他们的服务并非用于医学目的,因此他们的一些实验室也就没有CLIA授权。

CLIA证书规定了最低标准,确保经营设施的人员是训练有素和有能力的,确保他们开展的检测达到某一反复精炼的水准。但是,证书无法证明检测的有效性,也无法对实验室检测之后的基因分析进行监管。

即使美国国土之外的实验室有资格获得CLIA证书,许多实验室还是选择来自国际标准组织(international organization for standardization, ISO)的更加国际性的规章制度监管。像CLIA证书一样,ISO认证(尤其是ISO15189认证)也需要一系列的最低实验室标准和规定,但是它却无法规定或证明试验本身或分析的有效性。

如果实验室监管对于确保检测技术的声誉十分重要,我强烈建议在购买任何与基因检测有关的服务时,只选择敢于声明所有从事检测的实验室都经过了CLIA授权或ISO15189认证的公司。

在写此书的过程中,我对一家加拿大公司进行了研究,这家公司提供的是成本非常低廉的基因检测服务,使用的是位于美国东南部的一家实验室。在这家公司的网站上我查不到任何关于CLIA认证的信息,因此,我给他们发电子邮件询问,之后收到了他们非常友好的答复,他们说实验室是有CLIA授权的。但是,我对这家令人质疑的实验室很熟悉,我知道这家实验室当时是没有认证的。因此,我又一次给这家公司发电子邮件并要求他们提供实验室CLIA认证号码(任何人要求都应该提供)。不久我收到了一封电子邮件,信上说很快会有人和我联系,然而我再也没收到这家公司的来信。

获得CLIA或ISO认证的实验室通常要比未获得这些认证的实验室所收的服务费高,因此,利用这些高成本、高质量实验室的个体性基因组学公司几乎总是非常热情地给潜在的客户提供认证信息,并在推销资料上也不忘宣传此项内容。

虽然联邦政府也许不监管个体性基因组学公司提供的特定检测和分析,但是，有25家州立机构确实有具体限制。例如，加利福尼亚州和纽约州就要求任何提供基因筛查服务的公司向该州卫生局申请特定许可证。

为了获得许可证，公司必须提交文件来证明它所要提供的检测具有科学有效性和精准性。有CLIA认证，州政府再颁发许可，这样就有助于确保你的DNA样本在实验室里进行专业而准确的检测，同时也能确保对于某一特定疾病和基因变体间的关联分析具有科学理论依据。

遗传信息与保密措施

许多人都有一种担心，害怕他们的遗传信息不能保密并有可能被滥用，这是可以理解的。有一个这类担心就涉及依据个人遗传信息产生的基因歧视——可能被保险公司或雇主不平等对待。

在过去，许多人选择放弃基因筛查而不会冒着被歧视的风险。然而，在2008年国会出台了《遗传信息反歧视法案（GINA）》，以此来防止医保公司和雇主根据遗传信息产生歧视问题。现在，医保公司如果根据你的遗传信息提高保费或拒绝你的参保覆盖内容就是违法的。雇主也不允许根据雇员（或准雇员）的基因结构决定雇用、解聘或者提升。

我个人仍然认为对遗传信息的保密是极其重要的。首先，《遗传信息反歧视法案》还没有经历法庭检验，因此不应该对其完全依赖。其次，《遗传信息反歧视法案》存在一些严重的漏洞，其中最明显的就是：当《遗传信息反歧视法案》保护你免受医保公司的歧视时，它就不保护你免受人寿保险、残疾保险或长期保健保险的歧视。在公司员工少于15人的情况下，它也不保护你免受雇主的歧视。

确保遗传信息保密的基本措施是，要求证一下你准备去做检测的个体性基因组学公司是否声誉良好，是否保证不会泄密。无论是在个体性基因组学公司的数据库里还是在你的基因报告里，都不应该把你的名字及其他辨识身份的信息与你的遗传信息连在一起。不用名字，你应该有一种辨识身份的手段，如一个秘密身份号码，它可以取代你的名字。利用这种方法，即使第三方真的想使用你的遗传信息，也没有办法把信息同你这个人联系起来。

一些个体性基因组学公司声称他们使用你的遗传信

> 《遗传信息反歧视法案（GINA）》可以防止医保公司和雇主根据个人遗传信息产生歧视问题。

> 求证一下你准备做检测的这家个体性基因组学公司是否提供保密保障。

息也许只是为了研究目的,知道这一点也很重要。然而,这个学术性的说法相当宽泛,也许意味着该公司可以授权使用或者有权出卖你的个人遗传信息给第三方,如研究小组或另一家公司。一些个体性基因组学公司也许甚至要求你允许你的遗传信息用于这些目的,其他公司则完全非强制性做选择。至少,你应该确保公司宣称的诺言兑现——如果使用你的遗传信息,绝对不会有任何个人身份信息隐匿其中。

对于信息保密的担心不应该阻止你对基因筛查的热情,但是,它应该是你选择筛查公司时考虑的因素之一。

健康维护组织、健康保险范围和根据基因定制的保险

在有些时候,健康维护组织(health maintenance organizations,HMOs)和人寿保险公司确实为罕见病基因检测埋单,如果有明显迹象表明也许是家族史病,但是通常他们的保险是不涵盖常见病的基因筛查的。造成这样结果的最可能原因是,首先,检测是新鲜事物,因此,保险公司还没有充分评估,其次,一些常见病要用几十年时间才显现,而许多健康维护组织和人寿保险公司只对维护你接下来的10年健康感兴趣。大多数人一生中频繁地改变他们的保险范围(例如,当他们改变工作的时候),因此你今天投保的公司很可能与你10年后要投保的公司不一样。所以,保险公司认为保险范围即使涵盖某一潜在疾病的预防也不会产生成本效应,因为直到你离开了他们保险之后这种疾病才最有可能发作。

当然,这种情况就带来一个现实,健康维护组织和人寿保险公司都没有太大的积极性去真正地支持疾病预防,即使他们喜欢在广告大战中使用"预防保健"这类词汇。正因为缺少这种保险内容,包括基因筛查在内的大多数疾病预防服务都需要现款支付,即使花费大体上几乎总是少于疾病发作后治疗的费用。正如本杰明说过的一句非常著名的话,"一分预防胜过十分治疗"。

但是,不久的将来,一些特定的保险选择范围也许会提供给那些通过基因筛查才会发现疾病高风险的人们。就如我们在上一部分讨论的那样,一个叫作《遗传信息反歧视法案》的联邦法保护人们免受人寿保险公司根据遗传信息而歧视投保者(例如,决定是否接受某人投保,或者该人要付多少保费),但是该法不禁止公司使用基因筛查来分析新客户群或现存客户群,看一看哪些人或许受益于特殊的保险产品。因此,这些公司也许很快就会开始为个人基因结构提供定制的保险,这类保险既涵盖了预防措施又涵盖了疾病一旦发作时的治疗。

弄清附加细则

像对待你购买的任何东西一样,你应该弄清你在买什么,但是,有时候个体性基因组学公司会故意用语言误导你。

我经常遇到的一个虚假现象就是,一家公司也许宣传它们检测基因变体的数量,但是这并不意味着它们把所有变体都用于分析。例如,公司网页上或宣传材料上也许宣称:"我们已了解你基因组内的50多万个区段""我们捕获了遗传密码中90多万个标记"或者"我们检测了你DNA中的100多万个点位"。请注意这里的措辞("了解""捕获"和"检测")并没有提及关于疾病风险的"分析"。

大多数公司实际上都隐讳疾病分析中所使用基因变体的数目,因为这个数目可能很小。如果一个公司在你的DNA中检测了100多万个点位(就是基因变体),但实际上它可能在分析中仅用了100或200个。又因为它们也许是为40种或更多的疾病和特征进行检测,所以它们对你的每一种疾病风险的评估实际上就仅由1～5个变体确定。

> 确定在疾病风险分析中实际使用了多少基因变体很重要,而并非检测的变体数目。

这就意味着在它们的分析中仅使用了遗传信息检测结果的0.01%。它们分析时使用的这点变体通常出现频率最高,因此也就最可能被侦测到,也可能是在使用特定阵列检测时偶然发现的。但不幸的是,这也许意味着公司在分析中没用上与这一疾病相关的几十个甚至几百个其他变体。

例如,老年痴呆症有两种形式:一种是不定时发生型,这种形式是人们最熟悉的常见病,还有一种形式是家族病史型,这种形式是罕见的。许多个体性基因组学公司都是仅从一个基因变体估算出不定时发生的老年痴呆症风险,而且对家族病史型的老年痴呆症不提供任何检测和分析服务。但是,有许多其他已经发现的与不定时发生型老年痴呆症有关的基因变体和100多个与家族病史型有关的基因变体都因此被忽视了。

最起码,不是所有公司都能够检测和分析大量的已知与某一疾病相关的变体。甚至一个提供全基因组测序的(并因此对全部变体检测)个体性基因组学公司或许在疾病风险分析中也只是使用了很少量的那些信息。

不幸的是,这类重要信息通常只是在你特别要求下才可能提供。

需要问的5个最重要问题和可接受的答案

仅通过阅读一家公司网站你就能找到大量有用信息。例如,多数使用CLIA

认证实验室的公司常常会很直截了当地宣传这一点。网址还会包含一个电话号码以便你能进一步索取信息。

因此，无论你是从公司网站上还是通过电子邮件或电话从客户服务代表那里获得信息，下面就是你应该问的问题和你想听到的答案。

1. **实验室**：准备用于检测的实验室目前是CLIA许可或ISO15189认证的吗？
   - **可接受答案**：是，该公司应该也能提供CLIA证书号或ISO15189认证信息以便你对此核实。
   - **不可接受答案**：不是，"现在正在办理中""我们不需要那些认证，也可以为你检测你要的东西"或者"我们有认证，但不能给你提供书面文件"。
2. **疾病类型**：你们开展的基因检测和分析是为了罕见病（指单基因疾病）还是常见病（指多因素疾病），或是两者兼顾？在每个分类中你们检测多少疾病？你们提供检测组合吗？
   - **可接受答案**：这取决于你想筛查什么，但是，如果你是在寻求了解尽可能多的疾病的风险和携带信息，那么两者都能实现。如果该公司提供20个或更多的疾病和特征检测，那么它就应该提供至少几个不同检测组合。否则，你收到的信息量会因太过泛滥而失去价值。
   - **不可接受答案**：没回应或含糊不清的答复，如"我们检测许多重大疾病。"如果公司接待人对你不够坦诚，你就应该考虑去找另一家公司。
3. **分析的综合性**：当评估疾病风险时你要分析（不仅是检测，而且是分析）多少基因变体呢？
   a. 关于老年痴呆症你分析多少基因变体？
   b. 关于囊肿性纤维化你分析多少基因变体？
   c. 关于泰-萨克斯病你分析多少基因变体？
   - **可接受答案**：分析基因变体的数量是关键，而不是公司检测基因的数量。所有的公司也许为囊肿性纤维化病检测同一个基因，但是有些公司也许只分析那个基因中的一个变体，而其他公司也许分析几百个变体。常见病通常与10个或更多的变体有关。对于罕见病来说，通常有25个或更多个，甚至几百个变体已经发现是引起该病的原因——只要携带这些变体中的一个就属于携带者或患有那种罕见病。因此，如果一家公司提供50种疾病的风险信息，那么它的分析就能够包含500种不同的基因变体。如果风险信息涉及200种疾病，那么分析就很可能需要2 000多个变体。

a. 对于老年痴呆症：不定时发生型与至少5个基因变体有关。对不定时发生型和家族病史型两者的检测涉及100多个基因变体。

b. 对于囊肿性纤维化病：有超过10个可能的变体与该病有关。一个全面的评估要涉及1 000多个变体。

c. 对于泰-萨克斯病：有至少6个可能变体与其有关。一个全面的评估会涉及100多个变体。

- **不可接受答案**：提供你公司检测的变体总数量，而不告诉你在疾病风险分析时使用的变体数量。尽管一家公司也许说它在分析过程中使用了5万个基因变体，但这些变体中99.9%也许只与系谱检测有关而与疾病检测无关。因此，在评估疾病风险时，公司告知你分析的基因变体数量是非常重要的。

4. **信息的效用**：提供检测结果的时候会一起提供根据基因定制的预防和治疗信息吗？即使我对遗传一无所知，我能够看懂基因报告吗？

- **可接受答案**：在做疾病风险检测的同时，是否想要依据基因定制的预防和治疗信息是个人的选择。对你最有用的报告类型完全取决于你对遗传学和医学的理解水平。如果你有医学背景或很自信你靠自己能够弄懂疾病和预防措施，那么基因报告的效用性和清晰性对你来说也许不是特别重要。但是，如果你想确保报告既要可行又要直接，那么对上面提出的两个问题的可接受答案就是两个"是"。

- **不可接受答案**："我们可以给你提供可连接的其他网址，你可以在那上面了解更多关于疾病的信息"或者"在你能够完全看懂我们的基因报告和你的检测结果之前，你也许需要参加我们的遗传学辅导班"。

5. **结果告知安排**：检测结果是通过电子邮件还是通过网站发给我呢？我会接到给我和我的医生两个人的打印报告吗？你们是否提供咨询医生或其他保健专业人士的途径以助于理解检测结果？

- **可接受答案**：这又是一个个人偏好的问题。有些人愿意通过电子邮件或网站接收信息，而另外一些人更喜欢持有打印报告。有医生参与这个过程也是一个个人选择，虽然医生通常都愿意持有一份打印报告。还要记住，你的医生也许更青睐于一家他熟悉的公司，所以，如果你想要你的医生参与这个过程（评价结果并可能以此展开措施），最好事先考察一下他。

- **不可接受答案**：结果通过网站发给你，但你却无法下载和打印（没有公司能够控制或限制你用你的遗传信息做什么和不做什么）。

表 9 提供基因筛查服务的公司名单与对比

下表格列出的公司所提供的基因筛查服务有很大的不同。一些公司服务是单点式的（每种疾病检测服务单独有偿提供），有些公司服务是组合检测式的，而另外一些公司服务则是一次性检测（所有疾病检测都是在一次检测中完成）。

公司名称	网　址	检测人	服务方式	有措施的基因报告	常见病	罕见病	分析每一疾病时使用的变体数量	CLIA认证	保健服务联络人
Ambry Genetics	Ambrygenetics.com	保健专业人员	单点式	否	否	是	许多	是	有医学博士亲自联络
Existence Genetics	Existencegenetics.com	保健专业人员	组合式	是	是	是	许多	是	有医学博士亲自联络
GeneDx	Genedx.com	保健专业人员	单点式	否	否	是	许多	是	有医学博士亲自联络
Genzyme Genetics	Genzymegenetics.com	保健专业人员	单点式	否	否	是	许多	是	有医学博士亲自联络
Helix Health	hh.hhdocs.com	公司诊所	单点式	是	是	是	许多	是	有医学博士亲自联络
23andMe	23andme.com	网上直接检测	一次性	否	是	否	不多	是	无联络人
BioResolve	bioresolve.com	网上直接检测	一次性	否	是	否	不多	?	无

公司名称	网址	检测人	服务方式	有措施的基因报告	常见病	罕见病	分析每一疾病时使用的变体数量	CLIA认证	保健服务联络人
deCODEme	decodeme.com	网上直接检测	组合式	否	是	否	不多	是	有基因问题顾问向电话/电子邮件
DNAdirect	dnadirect.com	网上直接检测	单点式	是	是	否	由少到许多	是	有基因问题顾问电话/电子邮件（付费）
Knome	knome.com	网上直接检测	一次性	是	是	？	不多	？	有医学博士来自联络
Navigenics	navigenics.com	网上直接检测	一次性	是	是	否	不多	是	有基因问题顾问向电话/电子邮件
Pathway Genomics	pathway.com	网上直接检测	一次性	否	是	否	不多	是	无

如果一家公司是通过保健专业人员提供基因检测服务,那么这项服务毫无疑问需要同医生面对面接触,而且或许还需要与其他保健服务者,如基因问题顾问、执业护士或与医生一起工作的助理医生等交流咨询。

　　还有一点需要重点指出的是,该表并非涵盖了所有公司,表中所列公司是为不同疾病和疾病倾向进行基因筛查的一些主要机构。还有其他一些公司仅为一种疾病或几种疾病提供基因筛查服务。因为这些公司提供的服务信息有限,所以我这里就没在表中列出。还有数以百计的其他公司从事着宗谱和父系基因检测服务。

　　既然你明白了关于基因检测和预测医学的重要概念和方法,那么就到了把所有这些信息付诸实践的时候了。第二部分中各章节将讨论预测医学究竟是如何帮助你解读基因的,又是如何阻止一些传播最广泛和最危险的疾病侵害社会的。

利用预测医学
战胜你的
基因命运

GENE
SECRET
HISTORY

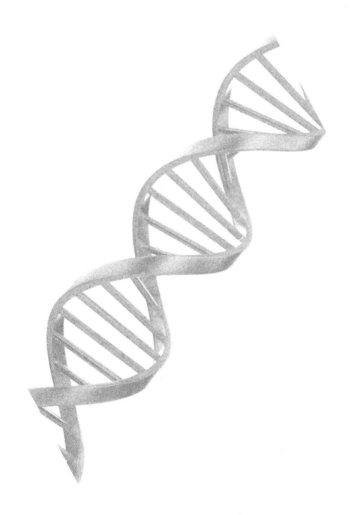

第二部分

五

是这些基因使我看起来肥胖吗

错误认识：如果你吃的健康并参加锻炼，你就能够减肥并保持苗条。

事实：对许多人来说，吃的健康和锻炼不会起作用，这往往是因为他们的基因在控制。你的基因不仅在控制大部分的新陈代谢和体重，而且还控制着特定的饮食和锻炼形式在降低和控制体重方面是否有效果。

你以前听说过这类说法：肥胖症在整个发达世界已经达到极高的比例。你看到过没完没了的促进减肥的书籍、产品和设备，你也听到过失望的消费者悲叹某种饮食和锻炼就是对他不起作用。这里的关键是"对他"不起作用，因为这意味着同一方法实际上对"别人"却起了作用。

某一特定饮食和锻炼方式对你不起作用的这个事实很可能是由于这些干预措施没有个性化地针对你的基因结构。这是非常重要的信息，因为我们的基因能够决定我们体重的大约70%，而其他非遗传因素，如生活方式只决定余下的30%。

令人欣慰的是，因为我们能够检测你的全部基因结构，所以我们可以根据你的基因结构为你量身定做一个对你更能发挥作用的健康营养方案。有了这一方案，你就能够采纳对你也许更加有利的饮食和锻炼习惯，从而避开没有多大益处的饮食和锻炼。一项基础性研究对比了使用个性化针对性营养方案的人们和不使用这一方案的人们，结果发现，经过一段较长时间后，这种量身定做的个性化方案确实在减肥方面发挥了巨大功效。

> 某一特定的饮食和锻炼方式也许对你不起作用，却对别人有作用，这是因为你的独特基因结构造成的。

> 当前，基因筛查可以为你提供一套根据你的基因结构量身定做的健康营养方案。

在本章,我们首先要讨论一下肥胖问题,以及一些具体基因变体是如何在某种程度上决定着人们变胖的。然后我们还要探讨一下,为了有助于减肥,饮食营养如何调整才能个性化针对你的基因结构。在本章结尾部分,我们介绍了健康运动如何个性化地针对基因结构的方法,同时还将讨论我们现在如何利用基因筛查来评估减肥药物,甚至减肥手术是否有效。

肥胖症的深远影响

2009年,美国疾病控制与预防中心关于肥胖症发布了一份报告,其中说到,在美国有超过三分之一(相当于7 200万美国人口)的成人属于肥胖。报告还提到:"自1980年以来,成人肥胖率翻了一番,儿童肥胖率翻了三番。社会上各行各业的肥胖率都显著增加,无论什么样的年龄、性别、种族、民族、社会经济地位、教育水平或地理宗教。"同年,另一份来自埃默里大学(Emery University)公共卫生学院院长的报告表明,在过去20年中保健支出上升,肥胖症至少占20%的因素,报告还指出:"如果今天肥胖症的普遍性与1987年时候的一样,那么美国用于保健的支出每年将会减少2 000亿美元"。从全球范围来看,世界卫生组织已经公布,目前全球超过20亿人口患有肥胖症,而且到2020年时,全球所有疾病超过60%与肥胖症有关联。

根据这些统计数据,可以很明显看出,攻克肥胖、提高人们营养和健康水平意义重大,这远远超出了人们所追求的美学意义。肥胖症、亚健康和不爱运动的生活方式等都会带来癌症、老年痴呆、心脏病、高血压、中风、生育困难、糖尿病、抑郁症、睡眠紊乱、伤口不愈、背部疾病和关节炎等病症。长期超重和肥胖已经证明会引起年少早衰和大脑完全退化。所有这些症状都会造成工作效率低下、慢性严重疾病风险增加和我们保健体系的非持续性负担——更不用说对那些长期努力控制体重的人所造成的心理煎熬和自尊心丧失。

攻克肥胖的新武器

更有效的饮食方式、锻炼方法、药物治疗甚至外科手术——这些新武器都需要补充到我们已有的攻克肥胖的武器库中。预测医学和基因筛查在所有这些武器中是功能最强大的。

基因筛查不可能使你一夜之间变得苗条健美。尽管它可以提供一些有助于你达到你个人营养和健康水平的真正新见解，但是你仍然需要动力和毅力坚持并把筛查信息付诸实施。也就是说，只有你决心做最大努力，基因筛查才有可能帮助你实现你的短期和长期目标。就当你攻克使你易于患病的基因时，你也就能够利用筛查来战胜使你易于肥胖的基因。

基因筛查能够使你深入洞察并攻克使你易于患肥胖症的基因。

有人一直担心，如果人们发现他们有肥胖遗传倾向，那么他们参加减肥活动的积极性就会降低。但是，由约翰斯·霍普金斯大学（Johns Hopkins University）和佛蒙特大学（University of Vermont）专家开展的一项研究发现，这种担心是毫无根据的。当人们发现自己在基因上易于患肥胖症的时候，他们对自己减肥能力的信心并没有减少。实际上，他们对自己控制体重的能力更有信心，这也就是人们知道的"体重控制自我效能"。专家们注意到，提高的自我效能与提高的减肥积极性和体重控制治疗相关联。因此，对于是否易于患肥胖症的基因筛查实际上也许提高了人们对减肥活动的积极性。

当前，肥胖症的治疗还无法说清使我们每个人都是唯一的基因变体。但是，现在，科学家和医生们至少开始明白了体重遗传规律以及解决肥胖问题的可能方法。有了这些知识，他们就能够根据个人的基因结构，个性化地制定饮食方式、锻炼形式、药物方案和其他治疗策略。该是向个体肥胖症发起战斗的时候了。

你的DNA控制体重

体重增加往往仅因一个原因：你摄入的热量超过你消耗的热量。这可能由于你吃的热量太多，也可能由于你消耗的热量不足，或者二者兼有。

我们的基因通过影响这种平衡来控制我们的体重。例如，一些基因变体让人总有饥饿感，因此，这样的人就会吃更多的东西，结果体重不断增加。其他一些基因变体则会使人新陈代谢减慢，这就意味着他们消耗热量的速度减慢。我们已了解的一些变体甚至能够引起某一局部的脂肪迅速堆积，例如在我们的大腿部或腰部，形成那些难看的赘肉。

就锻炼来说，即使你的身体活动量一样，有些基因变体要比其他基因变体使人消耗的热量少。而且，甚至有很多基因控制着你肌肉对锻炼的耐受力，因此，这些基因中的变体也许最终使你养成了不爱运动的生活习惯。

第一个与肥胖有关的基因是如何被发现的呢？这段历史要追溯到1950年，当时缅因州巴港市杰克逊实验室的专家们发现实验室的老鼠惊人的肥胖，而且非常饥饿，几乎一刻不停地在吃东西。无论它吃多少，都还想再吃。

但是，直到1994年纽约市洛克菲勒大学的一个研究小组才发现，老鼠吃得那么多、长得那么大是因为负责生产瘦蛋白基因中的变体导致的。瘦蛋白是由脂肪细胞产生的，并分泌到血液里。然后在整个机体内循环，并向大脑发出信号告知停止饥饿感。因此，瘦蛋白基因负责生产我们机体自身的食欲抑制剂。

但是，这一基因里的变体也会使基因功能失灵。结果，机体就不会产生足够量的瘦蛋白，大脑也不会接收到停止饥饿感的信号，所以，老鼠的食欲无休无止贪婪无比。当这些肥胖的老鼠被注射适量的瘦蛋白时，他们竟然停止了暴食并减轻了体重！可以理解，科学家们相信他们发现了治愈肥胖症的良方。

但是，不幸的是，当他们开始研究肥胖人群的瘦蛋白基因时，他们发现这一基因中的变体并非肥胖症的常见因素。当一家医药公司把瘦蛋白用于肥胖症患者时，只有小部分人有明显的减肥效果。

但是，自从瘦蛋白基因被发现以来，研究人员已经非常成功地发现一些其他基因，而这些基因是造成人类肥胖的更常见因素。

品评肥胖基因

是的，没有人愿意说这样的话，但是我还是要以科学的名义说："这些基因真的使你看起来肥胖"。

在2007年，第一个常见肥胖基因被鉴别出来。脂肪组织和与肥胖有关的（fat mass and obesity associated, FTO）基因内的变化被发现与儿童和成人的体重增加有内在联系。这些变化发生在大多数民族10%～50%的人群中，包括白种人、亚洲人、西班牙裔美国人以及非洲裔美国人。如果我们只考虑这些可能变体中的一种，那么携带一套这种变体的儿童和成人就会增加30%的患肥胖症的风险,携带两套这种变体的人则会增加近70%的这类风险。从整个人类来看,FTO基因内的变化应该是造成大多数肥胖症的罪魁。

在正常状态下,FTO基因通过控制食欲来准确调节我们机体内的脂肪存量。这种基因内的变体会在人吃的足够饱的情况下仍然让人感到饥饿,最终导致食物消耗量大增。2008年《新英格兰医学杂志》上发表的一篇文章称研究发现,携带能导致肥胖变体的人们不仅吃得多,而且更愿意吃含高热量的食物。因此,这种基因中的变体包含着一个真正的双重魔咒。

即使加大运动量(如从一个日常锻炼开始)会使携带这类变体的人大幅减轻体重,但是这种生活方式的改变无法解决肥胖的真正诱因。要想攻克FTO基因中的基因变体,人们需要特别注意饮食并控制好饥饿。要做到这一点有很多办法,包括心理学家或精神病学家举办的行为改变培训、平衡饮食的减肥活动以及有助于消除饥饿感的食欲抑制药物治疗等。

> FTO基因中的变体不仅使人胃口大增,而且还使人更倾向于吃高热量的食物,由此促成了人的肥胖。

其他肥胖基因

每年,研究人员都在发现更多的与增重和肥胖有关的基因变体。例如,在2008年,TUB基因中的变体就被发现是引发妇女晚年时期体重增加的原因。这种基因活跃于大脑中控制食物消耗的区域,而且某些特定的变体已经被发现能够促使绝经后妇女吃更多的简单的碳水化合物类食物,这就意味着她们的饮食会使她们具有高血糖负荷。这种饮食变化被认为是携带TUB变体妇女体重增加的一个原因。

你是超重还是肥胖?

体重指数(BMI)是一个根据身高和体重计算出的比值,常用于推测一个人是体重不足、体重正常、体重超标还是肥胖。如果你想知道自己的体重指数,在许多网址上都有非常简便的计算表。只是简单地把你的体重和身高往里一填,你就会获得自己的体重指数。如果你需要一个便捷的体重指数计算表和对计算结果的说明,可以登录这个网址:www.OutsmartYourGenes.com/BMI。

尽管有许多其他与肥胖有关的基因,但我们最终要讨论的这个基因回答了这样一个问题:存在这么多与肥胖有关的基因变体,如果我们携带不止一种,会发生什么情况呢?

MC4R基因含有与体重增加和肥胖有关的变体,使人易于产生超出正常值的腰围。科学家认为这一基因控制调节着人的饮食行为,而且当变体引起基因功能失灵时,就使人产生了无边的食欲。携带MC4R变体的儿童和成人都可能总是吃零食、吃高脂肪的食物,而且还可能饭量很大。

总体来讲,MC4R基因中的变体被认为是造成大约5%肥胖人群肥胖的根源。尽管这种基因中的变体肯定不像FTO基因中的变体那样常见,但这种变体一旦出现,它们在人体肥胖上仍然是一个重要成因。

携带MC4R基因变体的妇女同没有携带这类基因变体的妇女相比,体重指数平均高出近10个百分点,而就男子来说,这一对比结果才是4个百分点。人们认为,一种雄性荷尔蒙也许减弱了一些这类影响,因此,就可以用来解释体重指数上的性别差异。

2009年,法国的一些研究人员发表了他们针对MC4R基因和FTO基因的研究成果。他们发现,如果两个基因中都有变体,就会比只有一种变体更能极大增加人的肥胖风险。

瘦人基因

当我们提到斯堪的纳维亚女人时,跃入脑海的是什么样的体型特征呢?通常,应该是白皮肤金发碧眼的、高挑的、瘦瘦的。斯堪的纳维亚人以其高挑纤细身材而著称,健康的饮食习惯也许起了一定作用,但仍然不可忽视基因在这方面的力量。

一些斯堪的纳维亚人的基因就使其易于成为瘦人。在20个斯堪的纳维亚人中就有一个携带GPR74基因变体的人,而这些基因变体已经被发现能够极大地提高机体分解脂肪的能力。正因为如此,携带这些变体的人就更可能拥有较低的脂肪量和较纤瘦的腰围。

除了GPR74基因变体外,还有其他一些所谓的瘦人基因,其中大多数或者与脂肪储存有关,或者与新陈代谢速度有关。

个性化预防和治疗

如果你发现你的基因使你易于超重或肥胖,你能怎么做呢?答案是,能做得很多。

别的不说,知道自己有这种遗传倾向性也许会使你从一直怀有的自责和内疚中解脱出来,反过来,这也许会激励你把注意力转向战胜真正的罪魁。而且,你的基因结构中也含有如何最有效减肥和保持身材的答案。

根据基因制定的营养饮食

正在兴起的营养基因组学(研究营养的基因组学)领域在探查人的基因和饮食之间的相互作用方式。了解了这些,保健专业人士、营养学家和健美教练就能够开始精确地针对你的基因结构制定出个性化营养与饮食方案。2007年,一个非常有趣的研究成果发表,其中说道:"根据营养基因组学制定的饮食会带来较好的身体柔韧性、长期的体重指数降低和血糖水平的改善"。从最有效的减肥饮食方案到机体最需要的维生素和食物种类,所有这一切现在都可以通过基因筛查来确定。

> 营养基因组学能够使你针对你的基因结构精确地制定个性化营养和饮食方案。

康涅狄格大学的研究人员已经发表了针对特定一些基因变体的基础性研究成果,这些基因变体决定着是低脂饮食还是低碳水化合物饮食对人体减肥有更大的功效。他们发现3种基因(PFKL, GYS2, GAL)含有的变体在低脂饮食情况下会使减肥可能性增加,5种基因(LIPF, CETP, AGTR2, GYS2, GAL)含有的变体在低碳水化合物饮食情况下会使减肥可能性增加。

但是,你也许会问,如果体重是由摄入的热量对比消耗的热量决定的,那么为什么还强调这些热量是从什么样的饮食中获得的呢?要回答这个问题,让我们探讨一下LIPF基因,当食物一进入胃部,该基因就负责脂肪的分解。有一个基因变体出现在大约30%的亚洲人群中、15%的白种人群中,但很少出现在非洲后裔人群中,这种变体会引起基因功能失灵以至于脂肪无法在胃里很好分解,因此,脂肪也就无法被机体吸收。

低碳水化合物饮食通常意味着一个人会增加消耗脂肪的量,因为不食用高碳水化合物食物,他们会转向含有较高脂肪的食物,例如肉类。因此,如果一个人的LIPF基因中含有这种变体,低碳水化合物饮食对于减肥来说就更可能见效,因为此人会主动减少来自低碳水化合物的热量摄入,同时机体也会本能地减少吸收脂肪的量(即使此人会吃更多含脂肪食物,但机体不会全部吸收)。这两者共同作用,就更可能使减肥成功。相反,如果一个人没有这种变体,在低碳水化合物饮食条件下他会吸收更多的另外的脂肪,因此,他就没有多大可能获得同样的减肥效果。

PFKL基因中的变体参与将碳水化合物转变为能量,它也会影响低脂高碳水化合物饮食条件下的减肥成功机会。有一种变体,7个人中就有1个人携带,在这种饮食条件下它几乎不会对减少机体脂肪有任何作用。但是,还有一种更普遍的变体,在同样的饮食条件下会引起机体脂肪和体重的不断减少和减轻。即使在同一个基因中存在这两种变体,它们对机体的影响也是不同的。

东西方相遇:基因和营养

各种不同民族和不同文化的人现在都有生活在不同于原国籍的地方的情况。对于一些人来说,尤其是那些过着较西方式生活的亚洲人,这已经造成了惊人的肥胖增加现象。正因为如此,一些研究人员已经开始调查基因差异和西方式高热量饮食是否对这一明显肥胖现象有影响。

曾经一度人们知道,接受西式饮食习惯的日本裔美国人比他们仍生活在日本吃传统日本饮食的亲戚更易患肥胖症,而且2型糖尿病发病率也高很多。2008年,日本广岛大学的研究人员发表的一个初始性研究成果表明,ITGB2基因中的变体存在于30%的日本人中,但它造成的肥胖高风险只与那些生活在美国并有着西方饮食习惯的日本人有关。有着相同变体但饮食习惯传统的日本人不存在肥胖高风险。发表成果的作者们最后得出结论,ITGB2基因变体也许是日本后裔在接触西方饮食后变得肥胖的一个原因。

ITGB2基因在控制一个人新陈代谢率方面起一定作用,而且人们似乎感觉到,几千年来,包括ITGB2基因中的变体在内的某些基因变体也许已经使得日本人种能够凭借降低新陈代谢率来度过长期的食物供应短缺困难。但是,一个在饥荒年代表现出有益的变体却在高热量食物供应充足的时代变得有害。

如果你是一个正在经受超重或肥胖折磨抑或对此担心的日本裔美国人,一旦知道了你拥有这种基因变体,你就会感到无比自信。有了这一信息,你就知道,通过采取传统日本饮食方式或简单地减少动物脂肪、饱和脂肪和糖类的摄入,你就能够保持苗条健美身材。

任何一种饮食是否对你减肥有帮助还取决于你的遗传密码。虽然人们普遍认为，从任何饮食中减少热量摄入以便每天摄入的热量总量比实际支出的热量少就足以达到即刻减肥效果，但是，遗传学告诉我们情况并非如此。

一项研究发现，ACSL5基因中的变体也许决定着你靠低热量饮食减肥是否奏效，其中一种变体使人对饮食敏感，另一种则对饮食不敏感。带有对饮食不敏感变体的人似乎比那些带有对饮食敏感变体的人更难以减肥。对饮食敏感的基因变体存在于大约15%的人群中，对饮食不敏感的基因变体存在于大约60%的人群中。

能量需要从脂肪细胞运输到肌肉，ACSL5和PPARG基因在这方面都发挥着巨大作用。当一个人节食时，机体就利用这些基因转变能量来源，从原来的以食物为能量来源转变为以分解脂肪细胞为能量来源，这样一来机体储存的脂肪就被消耗以供能量。在那些对饮食敏感的人群中，ACSL5基因中的变体能够提高机体脂肪分解量，而在那些对饮食不敏感的人群中，在同种基因中的另一个变体会使机体保存脂肪而非消耗脂肪。PPARG基因中的变体就有着类似的作用。

这些基因中对饮食不敏感的变体也许在过去食物短缺时期对生存很必要，这大概可以用来说明为什么这类变体比饮食敏感型变体在所有人种中更加普遍存在。但是在当今21世纪，在一些工业化国家中，对饮食不敏感的变体也许正在成为人们减肥困难原因所在。初始数据显示，在ACSL5和PPARG基因中的变体也许有相互协同的作用，这就意味着，如果在这两种基因中你都有饮食不敏感型基因变体，你想通过节食减肥将更加困难。

一杯咖啡改变体重？
咖啡因、睡眠和肥胖

毫无疑问，咖啡因是世界上最流行的毒品。每天有超过90%的美国人消费咖啡因，而且在世界范围内，茶是最常消费的饮料之一，仅次于水。摄入咖啡因会引起大脑中的一些变化：首先，一种叫作多巴胺的荷尔蒙释放出来，它可以提高你的情绪并使你感觉舒畅；其次，可以阻止大脑反应迟钝和抑制叫作腺苷的疲劳诱导化学物质的产生。但是，咖啡因也有一些不良反应，如干扰睡眠和提高肥胖风险。

有些人对咖啡因认识有误却没有感觉到。例如，虽然人们知道咖啡因对睡眠有负面作用，但是只在上午和下午喝咖啡的人通常却会认为他们晚上的睡眠不会受到影响。

一个初始性研究发现，咖啡因对睡眠的影响受控于ADORA2A基因中的变体，而ADORA2A基因是为腺苷受体编码的，目的是提神，而咖啡因又与腺苷受体紧密相关。带有这种基因变体的人们更有可能经历咖啡因的长期作用，而且研究发现，如果他们白天喝了咖啡，他们夜晚也很难睡眠好。因此，从长远看，他们也许会感到更疲劳更乏力。然而，他们感到越疲劳也许就越多喝咖啡，最后导致恶性循环。

睡眠方式慢性紊乱症状，如长期夜晚休息不好，是引起肥胖的许多原因之一。睡眠不足会影响到一个人的昼夜节奏和激素水平，反过来就会改变机体的新陈代谢率并加大肥胖可能性。正因为如此，任何干扰睡眠的行为都可能导致肥胖的发生。

确实如此，甚至在你成功减掉几千克体重之后保持住减肥状态在某种程度上也能根据你的基因结构来预测。例如，有一项研究发现，在PPARG基因中的变体就降低了机体生产新脂肪细胞的能力，由此就限制了一个人再增长体重的可能。因此，带有这种基因变体的人（研究对象中有20%的人携带这种变体）比不带这种基因变体的人能更好地保持减肥状态，他们一般都能保持一年以上。知道自己带有这种保护性变体之后，你一定会更有积极性并把减肥放在第一位。

蔬菜：味美可口还是索然无味？在于你的基因

1932年，特拉华州威尔明顿市杰克逊实验室的阿瑟·福克斯（Arthur Fox）博士在向一个瓶子里放一种名为苯（基）硫脲（PTC）的化学粉末剂，这时一些粉尘飘了出来。当时，另外一个实验室工作人员就在旁边，他抱怨说嘴里有一种苦味，但是，福克斯博士当时手里拿着瓶子，却没有感到嘴里有任何味道。这个现象让两人觉得不可思议，最后两人从瓶子里直接取出PTC品尝（一直以来科学家们常常自己充当试验用的豚鼠）。结果，这位同事还是说他品尝的PTC有很浓的苦味，而福克斯博士还是坚持认为PTC什么味道也没有。

福克斯博士选择更大的人群来检验这种味道差异性，他发现，一些可以称为味觉敏感者的人说感到了苦味，而另外一些像福克斯博士一样可称为味盲的人没有品尝出任何味道。福克斯博士进一步发现，是PTC的分子结构造成了一些人味觉敏感，而且有着类似分子结构的其他化学剂也有一样的效果。全世界大约70%的人属于味觉敏感者。

2003年，卫生研究院的一位研究人员发现，一个人对于PTC是味觉敏感还是不敏感取决于TAS2R38基因中的变体，而这一基因刚好为负责感受苦味物质的味蕾上接收器编码的。

但是，这与品尝我们所吃食物有怎样联系呢？一种可能解释与一种叫作致甲状腺肿素的化学物质有关，因为它的分子结构与PTC的分子结构非常相似。致甲状腺肿素被发现存在于生的十字花科蔬菜中——卷心菜、菜花、甘蓝、汤菜、花椰菜和羽衣甘蓝。对于许多人来说，致甲状腺肿素是苦味的。

被发现常在一个人群中出现的许多基因变体很可能具有（或曾经有过）生存优势。在TAS2R38基因中的变体也不例外。正如事实显示的那样，致甲状腺肿素具有让人索然无味的不良反应：它可以干扰碘的新陈代谢，使你的甲状腺减少激素的生产，最终导致甲状腺机能减退。但是这种情况只有在大量致甲状腺肿素被经常消耗的条件下才会产生，也就是说你得吃大量十字花科蔬菜。在远古时期，人们依靠任何最易获得的食物生存，而且，有时候只有单一的食物来源。如果他们当时能够吃到的就是十字花科蔬菜，他们就有患甲状腺机能减退的高风险，这是一个潜在的很严重的疾病。研究人员认为，味觉敏感者不会吃大量的这类蔬菜，因为它们的味道实在差劲。因此，味觉敏感者更可能寻找不含致甲状腺肿素的食物。所以，TAS2R38基因中的这些变体很可能保护了人们免受甲状腺机能减退的侵害，以此具备了生存优势。

当今，同样这些基因变体也许会使人尤其是孩子们不吃那些蔬菜。

但是，因为十字花科蔬菜一直与降低许多疾病风险有关，所以寻找一些方法来攻克这一基因，并使人们能够经常地更多吃这些蔬菜显得尤其重要。例如，要做到这一点，可以建议人们把这些蔬菜和其他食物混合食用，以此掩盖苦味。

虽然了解一个人为什么喜欢或不喜欢某一食物的味道似乎没有多么的重要，但是，当把这一信息综合到一个疾病矩阵中考虑时，它就具有临床意义了。举例来说，如果一个人被发现具有肺癌遗传倾向而且食用十字花科蔬菜肯定能够降低这种风险，那么知道这个人很可能不喜欢这些蔬菜的味道就是非常有价值的信息。对于一个医生来说，他的建议就不是"请多吃十字花科蔬菜"，而是"吃十字花科蔬菜很可能会降低肺癌风险，但是，根据你的基因结构你很可能不喜欢这些蔬菜的味道，所以，为了减轻味道最好把这些蔬菜和其他食物混合食用"。实际上，这种个性化信息也许是我们能够让人们吃这些蔬菜的最佳方式之一。

有趣的是，在味觉敏感者中吸烟能够产生同样的苦味，而且，大量研究发现，味觉敏感者能够抵制尼古丁依赖，相反，味觉不敏感者成为烟瘾受害者的可能性极大。这也许能够说明一个事实——一些吸烟上瘾者每天还继续吸，而其他一些人则说烟味不爽，或者不再吸了或者偶尔为之。

基因决定的身体素质

科学家发现，身体素质和减肥这类锻炼效果都有着基因上的支撑因素。从遗传角度说，一些人锻炼身体达到健美要比其他一些人更容易些。另外，我们称之为身体素质的东西有两个基本方面（力量和耐力）彼此完全不同，因此，遗传获得肌肉力量型的人也许在耐力项目上表现不佳，而那些感觉通过有氧运动能很轻松获得耐力的人也许在需要爆发力的项目上难以上位。甚至杰出的耐力型运动员也常常会在力量型项目上败下阵来，反之亦然。

基因变体能使你更擅长于某类运动和锻炼。

根据基因结构，一些人适合于耐力型项目，也就是长时间的持续不断的低—中—高强度的身体活动。有关耐力的身体活动可以是长跑、划船、自行车拉力赛以及越野滑雪等。其他一些人的基因结构使其更适合于力量型运动，这类项目需要高强度的身体活动，通常一口气爆发力量不超过20分钟。有关力量型的运动包括短跑、低于600米的游泳、体操、足球、排球、摔跤、高山滑雪、网球、拳击和举重等。

许多基因中的变体能使一个人倾向于成为一个耐力型或一个力量型的运动员。一个被广泛研究的基因之一是ACTN3基因。该基因在某种由快肌纤维构成的肌肉中非常活跃。在携带耐力型ACTN3基因变体的人群中，肌纤维表现出向需氧代谢转换的能力，这就意味着肌纤维能够利用氧作为力量来源并且长时间不会疲劳和抽筋。这一基因中的另一个变体则使人倾向于力量型运动，因为它能使肌纤维在肌肉必须休息之前的短时间内产生猛烈运动。

与力量有关的变体常存在于杰出的体操运动员、足球运动员、柔道大师、短距离游泳运动员、速滑运动员和短跑运动员的身上。耐力型基因变体常存在于马拉松运动员、长距离自行车运动员、长距离游泳运动员、越野滑雪运动员和划船运动员的身上。

ACE和EPAS1基因中的变体与肌肉细胞能量代谢有关，它们还与运动成绩有关。这两种基因都在世界级运动员和奥运会运动员身上做过研究，就像ACTN3基因一样，一些变体更多地出现在杰出的耐力型运动员身上，而另外一些变体则更多地出现在力量型运动员身上。

把你的所有基因考虑在内的一个基因结构的综合性分析，可以用来制定一个针对你个人的健康计划。但是，如果没有这个分析，你就很有可能采取一个和你的运动倾向不符的训练计划，这样也许会增加你的疲劳和挫折，最终很可能导致放弃所有的身体训练。之前发表在《运动医学与健康杂志》(*Journal of Sports Medicine and Physical Fitness*)上的一项研究指出，妇女在训练计划中考虑基因结构因素时，她们的身体素质训练取得了极大效果。对于教练员来说，这意味着，通过切实的个性化训练计划能够对客户加以激励。

> 综合性的基因结构分析现在能够为你提供一个完全针对你个人的健康与运动的训练计划。

虽然一些人对他们自己是否更适合于耐力型或力量型的训练或许已经有了较成熟的想法，但是，基因筛查能够提供进一步的指导和客观信息。这对于健康教练是非常有用的，因为他们想制订一个针对客户基因的个性化训练计划。这也是提醒父母和教练有关孩子运动素质倾向的一个途径，这样他们就能够从一开始就把重点放在最适合这个年轻运动员基因结构的项目上，这很有可能会帮助这个孩子以后取得更高层次上的成功。

长寿与付出

　　2008年伦敦国王学院的研究人员所做的一项研究发现，位于我们染色体末端区或起保护帽作用的端粒，实质上就是我们的基因时钟。在我们出生时，我们的染色体端粒很长，但是随着我们年龄增长，端粒就变得越来越短。当端粒变得过短时，染色体就不能正常发挥功能，细胞也因此受损。这是向濒临死亡的细胞发出一个信号，细胞就等待死亡了。这并非意味着这个人的死亡，而仅是由于端粒变短，细胞开始衰老和完结。如果那个细胞还分裂，分裂后的细胞仍要衰老和完结。随着年龄增长而出现的身体机能衰退，从基因角度说，很大程度上可以归结于端粒长度变短。但是，这个时钟转动速度每个人并不一样。

　　研究发现，经常锻炼的人（每天40分钟）与不锻炼的人相比，端粒肯定要更长。实际上，经常参加强度锻炼的人要比不参加锻炼的人的染色体端粒长太多，以至于从基因层面上看，锻炼者可以达到年轻10岁！

　　经常锻炼实际上可以减慢基因时钟的运转。其他一些研究已证实，基因时钟倒计时的速度取决于我们身体运动的水平。正因如此，两个染色体年龄都是40岁的人可能会有完全不同的基因年龄。

　　非常有趣的是，这些影响我们常在休闲式锻炼中看到，而不是劳作体力活动中看到。这种现象的出现很可能是因为，休闲式锻炼不仅对身体有益处而且对心脑也有裨益，如有助于缓解心理压力，而心理压力（与吸烟和超重等因素一起）很明显是加快一个人基因时钟的又一个变因。

　　从我的患者那里常听到的一个疑问是："要减慢基因时钟运转，我究竟需要多大的运动量呢？"研究显示，平均来讲，一周要有5天，至少每次20分钟或者一周要有3天每次35分钟的心血管锻炼（提高心率的身体活动）。

　　基因时钟倒计时的速度越快，你就会感到越衰老，而这种自我意识的早衰又可能导致你失去改变生活方式开始锻炼的意志，由此就产生一种恶性循环：越不锻炼就越感觉衰老，越感觉衰老就越不锻炼，如此往复。为了避免这种下衰趋势并战胜你的基因时钟，你需要把经常性锻炼作为一种日常习惯。

了解了身体活动如何对人体内部基因时钟产生影响，医生和健美教练们就能够从长远的角度客观地评估你的锻炼计划的有效性。如果你确实从锻炼中取得实效，那么从基因角度所做的端粒长度研究成果就很明显。如果端粒长度研究表明效果不明显，那么你、你的医生还有你的教练就应该明白，你们得调整计划再上台阶。

　　虽然一些基因中的变体也许会使你成为耐力型或力量型运动员，但是也存在其他一些变体也许实际上会使你甚至在小幅身体活动时都感到疲劳。在AMPD1基因中就出现一个这样变体，并发现存在于五分之一还多的白种人中，但在其他人种中却鲜有出现。AMPD1基因能够产生一种酶，这种酶与能量输送到肌肉过程有关。这一基因中的一个变体能够使这种酶生产减少75%，因此就极大降低了锻炼过程中能量向肌肉的运输。结果，携带这一变体的人在锻炼时深感疲惫，这就意味着，他们很有可能觉得这种锻炼不适合他们而完全放弃。但是，研究已经证明，如果一个人能够努力通过起始疲劳期并继续经常锻炼的话，那些疲劳感就会消失。有事实证明，甚至在世界级运动员和奥运会运动员身上也发现了这种变体；因此，攻克AMPD1基因中的这种变体是完全可能的。

　　还有许多其他基因变体有助于确定锻炼的成效和作用，在这些基因变体中，有一些影响着线粒体。PPARD和PPARDC1A是两个直接影响线粒体功能的基因，它们之中的变体已经被发现有削减线粒体功能和极大弱化锻炼益处的变体。有研究证明，携带这些变体的人比没有这些变体的人锻炼效果差。尽管锻炼可以提高机体对胰岛素的敏感性并以此来降低一个人得糖尿病的风险，但是带有这些变体的人却鲜有积极反应，这就说明在降低这些人糖尿病风险方面锻炼也不是很有效。

　　在许多其他基因中有极少的变体还影响着线粒体，有些影响极其剧烈。例如，一些变体可以引起极度疲劳、肌肉酸痛以及一锻炼就无法忍受等症状。

　　就如同有影响人耐力的变体存在一样，同样也存在着影响力量训练的变体。宾夕法尼亚大学的研究人员在一项研究中调查了一大批在上一年没从事过任何抗阻力训练的人。研究人员让他们参加了一个为期12周的抗阻力训练项目，结果发现IL15和IL15RA基因中的变体与训练中获得的肌肉力量的大小有关。这是极有可能的情况，因为IL15基因生产促进肌肉生长的蛋白质，IL15RA基因生产检测IL15蛋白质的感受器。因此,这两个基因的功能是相互协同的。当两个基因都运行正常时,作为对抗阻力训练的回应,它们就会向肌肉细胞发出信号使其成长。

基因兴奋剂

对于食物、治疗药物或违禁药物来说,每个人的机体代谢这些物质的方式都是唯一的。正因如此,确定机体处理物质过程的任何一个所谓的通用方式通常都不是最优方式。

有一个例子可以说明这个问题,作为提高成绩的药物,蛋白同化激素(俗称肌肉增强剂)被使用。根据1984年奥林匹克运动会时展开的一项调查,近70%的奥运会运动员在他们运动生涯的某个阶段服用过蛋白同化激素。在2006年,检测出呈阳性的所有运动员中几乎一半是因为蛋白同化激素,这种行为被认定为服用"兴奋剂"。大家都知道,阿诺德·施瓦辛格承认了在健身过程中使用了类固醇,2007年弗洛伊德·兰迪斯被检查出蛋白同化激素阳性时被剥夺环法自行车赛冠军资格,虽然他仍然觉得自己无辜。

现在几乎全世界都禁用蛋白同化激素,而且正因如此,运动员药检已成为标准惯例。药检通常包括对人的尿液检测来查兴奋剂,因为服用的蛋白同化激素会有部分通过尿液排出。虽然检测过程是用相同的被检分析物量值来检测每个人的尿液,但是研究人员发现,使用同一个标准量值也许会使人在没有服用兴奋剂的情况下被检测出阳性,而另外一些服用兴奋剂的人却没问题。之所以会发生这样的情况,是因为UGT2B17基因中的变体,它关系到把自然产生的睾丸激素和蛋白同化激素从血液里传输到尿液中。

不幸的是,兴奋剂检测不考虑基因差异会引起一些无辜的人高于分析物量值(也就是大家知道的假阳性),而另外一些服用兴奋剂的人却低于分析物量值(也就是大家知道的假阴性)。研究人员发现,使用根据基因制定的针对一个人UGT2B17基因变体的分析物量值会避免所有的假阳性和所有的假阴性。因此,根据基因制定的分析物量值能够极大地提高检测的准确性。

减肥药物疗法对你有效吗?

对你基因结构的分析不仅能够让你知晓你有肥胖高风险,也能够帮助你确定哪种饮食和健身方法最适合你,而且还能够帮助确定减肥药物疗法的有效性。食欲抑制剂,如西布曲明,也许有助于你减肥,但试过此药的人群中只有20%见效。因此,服用这一药物中80%的人不会有明显的减肥效果,也就是在不起作用的东西上花大头钱。有初步研究已经发现,GNB3基因中的变体可以用来预测西布曲明的效果。对于携带某一变体的人来说,药物疗法也许见效,但对于携带另一变体的人来说,药物疗法就无效。

减肥手术对你有效吗?

减肥手术(也被称为肥胖治疗手术)或者缩减胃的大小,或者改变食物在消化道内穿行的路径,这样可以减掉平均45.36千克或更多的体重。但不幸的是,由于是凭借饮食、锻炼和药物来减肥,所以有些人又会恢复相当量的体重,而你的遗传密码恰能够帮助预测这样的不幸是否会在你的身上发生。

研究人员已经把那些携带肥胖MC4R基因变体的人所做的减肥手术结果同该变体非携带者所做的减肥手术结果做了比较。被研究的对象都做了减肥手术,结果发现,那些MC4R变体携带者减掉的体重较少、反应不良、并发症发生率较高,而且与非携带者手术相比效果很差。那些携带MC4R变体的人们甚至在减肥手术后似乎更可能继续过度饮食,最终导致的后果不仅是体重再涨而且还会带来并发症,因为一旦胃的容量通过手术缩小,再过量饮食就极其危险。

人们也在研究许多其他基因中的变体,看是否能够预测减肥手术的效果。为减肥而做的肥胖症治疗手术总是大手术而且风险很大,所以,事先了解你是否可能获得理想效果则意味着你和你的医生可以做出明智的决定。

基因筛查为我所用

实现个人减肥和健美目标的方法大多居于你的基因结构中。目前,全面基因筛查方法可以为你提供了解这些信息的机会,使你能够针对你的特殊基因进行减肥、安排营养和开展健身,以此才能更有效地控制你的保健和健康。

营养、健美和减肥组合

组合方法提高了基因筛查的效率，因为它们一次筛查了所有相关的基因、特征和疾病，而且避免了不相关的信息。下面就是一个组合的例子，是我为减肥和营养建立的一个组合。

减肥与营养组合

- 肥胖与纤瘦
  - 包括体重指数、腰围和身体某些部位的脂肪堆积
- 锻炼强度耐受性和运动天赋
  - 包括根据基因制定的能使你最有效减肥的个性化养生方法
- 针对体重和肥胖的特定节食的效果
  - 包括根据基因制定的与减肥有关的节食方案
- 用于减肥的药物疗法效果
- 减肥手术效果
- 味觉感受与偏好
- 咖啡因的新陈代谢
  - 包括咖啡因（任何时间段喝，甚至早晨喝）是否影响夜晚的睡眠质量
- 食用一些特定食物与结肠癌风险的关系
- 某些特定饮食对骨质密度和骨质疏松症的影响
- 某些特定饮食对胆固醇水平的影响
- 某些特定饮食对血压的影响
- 某些特定的食物和饮料对心血管健康和心脏病风险的影响
- 维生素和营养补充剂的新陈代谢

想要获得更多的关于减肥、营养和健美的组合方法，请登录：www.Outsmart YourGenes.com/Panels。

六

未来的父母

怀孕与保护您未来的孩子

错误认识：没有任何办法可以预测我未来的孩子将会患有什么疾病以及具备什么特点，因为他们还没有被怀上。

事实：通过一种叫作皮提亚的新方法（"皮提亚"是希腊语中的一个神，意指先知或预言），我们现在可以通过分析两位准父母的基因构成来确定他们将来的后代很有可能具备的特征和会患的疾病。

保护我们最珍贵的资源

预测医学和全基因筛查现在可以用来保护我们的后代免遭疾病的侵袭。

所有父母都会尽一切可能来保护他们的孩子，并尽可能让孩子快乐和健康。基因筛查技术的进步使我们能够保护我们的子女——这一点可以早在孕期甚至在他们被怀上之前就能实现。在任意一个那些阶段中，罕见以及常见的疾病都可以被筛查。当这种基因筛查与一位健康保健专业人员的建议结合起来时，那么结果就可以保护我们未来的后代免遭疾病的侵袭。

现在，围绕着为计划生育而接触和使用遗传信息的问题已经展开了一个伦理争论，而且，随着技术的进步和被广泛地使用，这一争论肯定也会越来越激烈。介入这场争论毫无疑问不是本书涉及的目的。我这里的任务就是解释什么是可以达到的以及它是如何被使用的，这样每个人都能够依据适合他的方式做出可能最明智的决定。

21世纪的计划生育

计划生育是唯一一种可以真正阻止那些与疾病相关的基因变体传给我们孩子的方法。"计划生育"这个术语经常被用在避孕这种情境下,它指的是任何准备怀孕要孩子之前,或者有小孩之后的计划。因此,未来父母以及怀孕妇女的基因筛查都属于计划生育范畴。

如果你有疾病,如果你有家族疾病史,或者如果基因筛查表明你具有把疾病传给后代的风险,那么下面部分讨论的计划生育选择就是很重要的参考。它们全都适合常见以及罕见的疾病,尽管一些技术仍在完善过程中,但它们现在都可以马上使用。

计划生育技术

胚胎着床前基因筛查

胚胎着床前基因筛查(preimplantation genetic screening, PGS),也可以叫作胚胎筛查,它是一种基因筛查与体外受精(in vitro fertilization, IVF)的基因筛查组合。IVF是一个在实验室中做的卵子在机体外受精的程序,比如说在试管或者培养皿中。大约5天之后,胚胎仍然在实验室,胚胎着床前基因筛查就进行了。这个程序包括从每一个胚胎中提取一个单细胞,然后实行基因筛查来确定他们是否具有使身体受损或者威胁生命的疾病。根据筛查的结果,医生仅移植这些不含有疾病的胚胎,从而确保婴儿可以免于我们这里讨论的疾病的侵扰。

因为胚胎着床前基因筛查使家长们能够选择移植哪些胚胎,这种方式出生的后代有时被轻蔑地称为"设计出来的婴儿",意思是说他们被父母设计成为某个独特形式,如免于一种特定的疾病。这种选择性让胚胎着床前基因筛查处于一个极端的伦理争论中:一些人认为应该彻底禁止这种方法,而另外一些人认为这是积极的一步。

20世纪90年代,胚胎着床前基因筛查起初被用来筛查罕见的疾病,比如说泰-萨克斯病,这种病能够使得新生儿或者儿童产生痛苦甚至死亡。后来,在2005年,技术的使用得到了扩展,这使得家长们能够确保他们的孩子免遭疾病的侵袭,比如说小儿失明。在这个时期,技术已经从阻止遗传致命疾病发展到使家长能够确保他们的孩子们免遭严重缺陷的困扰。在2009年,这种技术诞生了首个乳腺癌免疫婴儿。这个孩子的父母有一个严重的家族乳腺癌死亡病史,因为其中的BRCA1基因发生变体。他们使用胚胎着床前基因筛查来选择胚胎,并且没有发生变体。第一次,充分地降低常见病风险成为可能,这种常见病让成年人感到痛苦,而且会遗传给他们的下一代。批评人士指出,由于常见病并不全由遗传学决定而且直到成年期才显示出来,根据这种特点来选择胚胎是不合适的。

> 胚胎着床前基因筛查可以被用来降低父母传给孩子常见病和罕见病的风险。

但是,那些看到她们死于乳腺癌的妈妈、祖母、姐妹、姨妈以及堂姐妹们很可能会说这种疾病已经害死了很多她们的家庭成员,当然,她们有责任去努力保护她们的孩子免遭同样的命运。

但是,围绕着胚胎着床前基因筛查的争论焦点,并不是它能够阻止遗传那些造成痛苦和死亡的疾病,而是它能够被用来选择具体特征,例如头发和眼睛的颜色、运动素质以及智力。在2009年发表的一份研究中,一位纽约大学医学院的基因顾问调查了近1 000人,这些人正寻求基因咨询服务。这份研究发现,大多数人愿意接受基因筛查来预防他们孩子得上严重的疾病,但是,仅有10%的人愿意为将来孩子具有优良的运动能力、更高的身材或者更好的智力而选择筛查技术。

虽然胚胎着床前基因筛查在用于美容目的方面会持续有一个激烈的争论,但我这本书最关心的焦点不是关于特征选择,而是关于疾病的预防。关于这一点,胚胎着床前基因筛查就是一个强有力的工具,因为它给父母提供一个真实的机会来确保他们的孩子能够不会患有严重的疾病。对于通过羊膜穿刺确诊胎儿感染了衰竭性或致命性疾病,是否还继续孕育的问题,胚胎着床前基因筛查就相当于帮助父母做了决定。

目前,胚胎着床前基因筛查以及体外受精是一个昂贵的程序,这一点仍然是那些人寿保险公司的实验范畴。因此,未来的父母不得不付出巨大的花费来利用这些技术,一直到这些技术变得更加普遍的使用和廉价。

侵入性产前筛查

胚胎着床前基因筛查是指把胚胎转移到子宫之前的基因筛查,而另外一种筛查可以让胎儿在子宫里发育和成长时进行。这种基因筛查叫作产前筛查，它可以采取两种方式中的一种：传统的侵入方法，如羊膜穿刺以及绒毛取样法（chorionic villus sampling, CVS），或者新式的非侵入方法，指的是非侵入产前筛查。

CVS和（通常在怀孕的第10～13周进行）羊膜穿刺（在第14～20周进行）已经使用了有十几年了，就是通过在孕妇的腹部插入一根针，直接插到子宫，然后提取含有正在发育中胎儿基因构成的细胞，而后被用来做测试。因为这根针被插到子宫里，不管怎样，这种程序被当作侵入性的而且具有风险。CVS能够导致1%的流产风险，而且羊膜穿刺的风险介于0.05%～0.5%。由于具有这种风险，几乎所有被这种侵入技术测试的疾病都属于罕见疾病，比如唐氏综合征以及泰-萨克斯病，这些病能够使身体衰竭或导致死亡。这些技术没有用来筛查发育中被认为健康的胎儿，但是会被用来对可疑疾病做诊断或再确诊，因为已经知道这一疾病在家族中存在或者因为其他测试，比如在孕期进行的超声或者血液测试，表明有潜在的异常。

当其他筛查测试筛查出问题或者怀孕被认为是高风险，例如如果这位妇女在35岁以上时，CVS以及羊膜穿刺通常是很多人寿保险公司的保险内容。

非侵入性产前筛查

大量的革命性技术现在为非侵入性产前筛查做好了铺垫。这些程序从胎儿中获得基因原料，这一点主要通过简单地从怀孕妈妈的胳膊上抽血，就像常规抽血那样。

这种技术不久就会使用，它之所以成为可能是因为妈妈和胎儿的血液供应是密切相连的。例如，当一名孕妇吃东西的时候，那个食物被消化掉而且会被血液吸收。一些营养物质会被妈妈的机体使用，但是另外一些会直接传给胎儿。反过来，其他物质会由胎儿传给妈妈。一些科学家已经发现，胎儿细胞和自由浮动的胎儿DNA链在妈妈的血液中循环流动。这些都可以从妈妈的血液中提取、净化，然后被用来确定胎儿的基因构成。

> 非侵入性产前筛查技术允许医生在没有任何流产的风险下去研究发育中胎儿的基因构成。

在不远的将来，我们就能够使用这种技术来给发育中的胎儿进行非侵入基因测试，这样做是为了筛查疾病，就像父母亲在女性怀孕期收到超声图片的复印件一样。我认为，父母们很快就可以收到他们还未出生孩子们的基因构成。

很长一段时间以来，我们都知道，除了有一个更加优良的免疫系统以及有可能降低的婴儿猝死综合征（sudden infant death syndrome, SIDS）风险之外，接受母乳喂养的婴儿的智商会比那些没有母乳喂养的婴儿要高。这是因为母乳中有特别的脂肪酸，母乳并不是配方奶粉，也不是牛奶。这些高浓度的脂肪酸存在于婴儿大脑，本质上来讲，它是作为大脑食物存在的。当有更多的食物时，比如说从母乳喂养中得到的，发育中的大脑会变得更加聪明。这并不是说非经由母乳喂养的婴儿不聪明或者所有母乳喂养的婴儿将会成为高智商的孩子，它的意思是母乳喂养的孩子会有一个高智商的可能性。不管怎样，我们不知道的是，母乳喂养是否与孩子的基因相互作用。

2007年，杜克大学的研究者们对超过3 000个儿童做了一项令人印象深刻的研究，让他们回答问题。在排除了其他一些潜在的变量干扰，比如说社会经济地位或者父母的智商之后，研究结果表明，在FADS2基因中的变体确实可以决定是否母乳喂养能够提高婴儿的智商。那些有基因变体的婴儿将会增加大约7个智商点，然而母乳喂养的没有这种基因变体的婴儿不会有任何的智商提升。这一点很重要，因为智商等级（比如超智商或者一般智商）大体上按每10个智商点为一个等级划分。

FADS2基因涉及一个婴儿的身体内如何处理在母乳中发现的那些特殊的脂肪酸。用母乳喂养来提高智商的基因变体允许对那些脂肪酸更有效地处理，因此，大脑可以接触到更多的有益物质。

在孕期或者女性生产后能够共享这条信息当然非常有用。虽然对于妈妈们来说，母乳喂养是比较理想的，但很多情况使得决定不是这么简单。例如，一些妇女通过服药来阻止进行母乳喂养，另外一些人忍受着疼痛和奶量差或者其他困难。现在，知道了FADS2基因变体与智商提高的关系，我们就可以为这些妇女提供信息了，使她们做出更明智的决定。

对辅助生殖技术的基因筛查

辅助生殖技术（assisted reproductive technology，ART）是一种能够帮助夫妇们战胜不孕不育的方法。辅助生殖技术中的一种最常见的形式存在于体外受精中。基因筛查可以在整个体外受精过程的许多不同阶段来进行：在怀孕前（比如说筛查父母），怀孕后但是在形成胎儿前用PGS被转移到了子宫，或者是在植入发生之后。

体外受精的目的是给那些遇到怀孕困难，或者不能怀孕的人一个机会来拥有一个在某种程度上在生物学上与他们相关的孩子（不是收养的孩子）。如果是精子或者卵子出了问题，那么夫妻俩也许会选择一个捐助者。可以通过一套系统来找到卵子捐赠者，而精子可以从精子库获得。不管精子、卵子从哪里来，基因筛查可以确保通过辅助生殖技术怀孕的孩子健康而且免于得严重疾病。

通常当一些人购买卵子或者精子的时候，捐赠者的相关信息会提供给他们，比如教育水平、捐赠者的医疗史、捐赠者的家庭以及捐赠者具体的身体特征。虽然一些精子库和卵子捐赠机构也许会为一些罕见疾病进行基因筛查，精子和卵子捐赠者全面的基因筛查是一种全新的概念，这种概念极有可能成为捐赠产业中一项关键的鉴别因素。例如，在2009年，一项法律诉讼讲的是一个13岁的孩子天生带有脆弱X综合征，这是一种能够导致大脑残疾的疾病。这个疾病是由于从精子库中购买的精子中携带的，并没有对这种疾病为捐赠者实施筛查。这个孩子说，因为这个精子带有一种疾病，这就等于精子库提供了一种有缺陷的产品，然后他根据产品责任法提起诉讼。因为当这个孩子出生的时候，基因筛查技术要比过去更加有效，全面的基因筛查现在越发可行，就像这种可以被检测到的疾病不再被遗传给那些不知情的接受者们。

> 现在我们可以使用全面的基因筛查来检测精子和卵子捐赠者中的基因疾病。

收养

如果你或者你的伴侣被发现是一种严重疾病的携带者或者受到这种疾病的影响，不管任何原因，只要你宁愿不去寻求其他现有的方法，那么收养就是另外一个可以考虑的计划生育选择。美国国家健康统计中心曾有一项调查认为，美国每年有12万例收养，而且在2002年，大约2.5%（160万）现居住在乡村的孩子被收养。你选择的方式取决于你的信仰以及你认为对于你自己和你的家庭最佳的办法。重要的一点是这种选择是存在的，因为当涉及计划生育的时候你确实可以做出一种选择。

由你做主

全面的基因筛查技术存在，但并不意味着对于你就合适。这是你的个人选择，而且当保健专家给你提供信息并且帮助你回答关于多种选择的问题时，在涉及决定基因筛查是否适合你的时候完全由你来定夺。另外，如果你继续实施筛查，并且你未来的孩子被发现有患某种疾病的高风险，那么无任何介入的操作也是一个选择。

未来父母的基因筛查

生育问题

全世界大约每7对夫妇中就会有一对有某种形式的生育问题。这些问题可以是从怀孕困难到足月妊娠困难。虽然一些怀孕困难（比如由于慢性传染或者肥胖）的问题不是基因问题，但相当一部分原因是由基因导致的。

如果认定为是基因问题，那么健康保健专家就会使用这个信息来对那些未来的父母做出指导，让他们知道最适合他们的治疗和计划生育选择。

最普通的一个与生育问题相关的基因变体类型是那些影响妈妈血液的黏度和凝血特性。最佳的血流量对于怀孕来说是必要的，任何干扰子宫的血流量，比如说如果血液容易增加凝血，这就会导致生育问题。由于这个原因，凝血障碍可以解释15%的复发性流产。有一个例子，MTHFR基因的变体可以导致凝血异常，当然伴随着的就是怀孕困难和复发性流产。不管如何，这种基因中的变体可以通过药物治疗和两种不同的维生素B的混合来智取，这可以让相当一部分妇女正常怀孕。2006年出版的一项研究关于复发性流产调查了多达500多位女性，该研究得出结论，很有必要在至少7个不同的基因，包括MTHFR中实行基因筛查，为了确认一个女性可能会有的潜在变体，而这些变体被认为与凝血问题和不育有关。

> 如果知道对于生育问题的遗传原因，那么医生就可以为他们的患者决定最佳选择。

另外，有很多其他的伴随着遗传因素的生殖问题也许会导致一个女性怀孕困难以及成功地带来足月妊娠。全面的基因测试和分析能够立即阻止这些潜在的问题，这样做为的是，如果发现了一个基因因素，那么治疗或者其他的计划生育选择方案就宜早不宜迟。

在50%的案例中，是男方导致了夫妇的不育问题。男性不育问题调查的第一步通常是精液分析，而且很多时候导致男方不育的原因是由于精子量过低或者根本无精子。虽然基因分析对于决定异常精子量不是必要的，但是，很多时候异常的原因是遗传起源，而且基因筛查可以辨认这些原因。

最后，知道为什么一对夫妇不能怀孕将使他们有更合适的选择：或者去更正问题，或者如果那样没有可能的话，为他们成为父母去选择一个最佳的决定。

谁是你的爸爸？

基因测试产业发展最快的几个阶段之一是父子关系鉴定（通常称为"亲子鉴定"）。如果你在互联网上搜索"亲子DNA鉴定"，你就会发现有相当多的网站，鉴定的成本从99美元到几百美元不等，一些公司使用CLIA认证实验室。

尽管父子关系鉴定到目前为止非常流行，但是母子关系鉴定也是可以进行的。事实上，第一次基因指纹法用在确定母子关系的案例中。基因指纹法，与传统的指纹法类似，用一个人独特的基因构成来决定和确认身份。因为我们拥有我们母亲50%的DNA和父亲50%的DNA，用一个人的基因构成来确认母子关系和父子关系是相对直接的。

基因指纹法是由亚历克·杰弗里爵士在1985年英国的莱斯特大学发明的。杰弗里在《自然》杂志发表了他的发现之后，媒体评价为难以置信的突破。那之后，杰弗里很快被要求帮助解决一个有两年的移民案例，关于一个加纳小男孩在试图进入英国时候被阻止的事情。小男孩的妈妈在英国居住，声称那个孩子是她的独生子，但是移民官员充满怀疑。杰弗里用他新发明的基因指纹技术得出结论，那位妇女是这个孩子的生母，同时其他的孩子是他的兄弟。因此，那个孩子和他的妈妈重新团聚了。

罕见疾病

很多的，但不是绝大多数情况下，罕见的遗传性疾病在统计学上被认为是不可能的，在任何特定时间，在1万人中不足5人会有遗传病，或者说，在美国有遗传病的总人数少于20万人。它们也许很罕见，不管如何，这些疾病对于我们的社会仍然有很大的影响。目前大约有成百上千种罕见疾病，当中的大多数容易引起身体衰弱和生活改变，许多还对胎儿、新生儿或者小孩子有直接和有害的影响，如泰-萨克斯疾病、镰状细胞贫血、囊肿性纤维化、肌肉营养不良症、磷酸酰基鞘氨醇病以及视网膜色素变性-肥胖-多指综合征等。

罕见疾病对于我来说有特别的意义，不仅因为我本身就有这种病，就像我在引言里面讨论的一样，我第一次在遗传实验室工作的时候，主要针对一种罕见疾病叫作先天性红细胞生成性卟啉病，这是一种罕见的、隐性遗传病，是由于一种UROS基因变体引起的，通常在我们的血液中将有害物质转换成有用物质方面起一个很重要的作用。当基因中的变体使得它出现故障，有害的物质就会形成，导致大量的症状，最突出的就是使得皮肤对光极度敏感。这样一来，当有这种先天性红细胞生成性卟啉病的患者在阳光下的时候，他们就会起水泡和疤痕。

如上述讨论的，与单一的隐性疾病相关的基因变体副本的人通常被称作"携带者"。携带者往往不会有任何症状，而且他们通常也不知道他们就是携带者。因为这个原因，导致隐性疾病的基因变体被不知不觉地传给下一代。

虽然它们是罕见的，但很多人都听说过至少一个家庭受到罕见疾病的影响，这就是为什么这么多的准父母对之非常恐惧。通过预测医学，通过分析准父母的基因构成来判断是否其中的一方是携带者，我们就能够开始采取一些措施在怀孩子之前减轻恐惧。

我的观点是，绝对没有疾病是罕见的，它足以被视为不重要或者从准父母的基因筛查中排除。

林肯的第二刺客 MEN2B也夺其生命？

当你听说亚伯拉罕·林肯有第二个刺客：癌症，在等着他，那么你也许会很吃惊。如果他在1865年没有被约翰·维克斯·布斯杀死的话，他很有可能将会在1年内死于一种罕见的叫作多发性内分泌肿瘤2B（MEN2B）的疾病，它是由在RET基因中的基因变体导致的。

林肯很高，而且很瘦。因为他突出的外表，一些医学历史学家之前认为他也许会有一种罕见的遗传紊乱，叫作蜘蛛状指（趾）综合征。不管如何，更深入的研究表明，他的医疗历史与其他主要的紊乱症状是不一致的。因此，另外一些理论被提出来。

约翰·索托斯，一个叫作房子的电视节目里的心脏病和医疗顾问，对于林肯以及他家庭的医疗历史做了一项严格的测试。他发现所有可利用的信息都表明总统患有多发性内分泌肿瘤2B。

就像蜘蛛状指（趾）综合征一样，多发性内分泌肿瘤2B有个子高、身体瘦的特点，但是其他一些症状是由过度生长的神经细胞产生的肿块，通常可在嘴唇周围见到，还有不对称的脸以及便秘等其他肠道问题（肠张力异常可导致），除此还有厚而下垂的眼睑，还有就是在人一生的某一个点会有威胁生命的癌症的发生。

林肯几乎每一个症状都具备，虽然我们不知道他是否患有癌症，但是他在被刺杀的时候是相当的瘦。这种消瘦，伴随着大量在他死前短暂显现的其他症状——头痛、昏厥、一阵阵地出汗、双手和脚冰凉以及疲劳，这都是与由多发性内分泌肿瘤2B导致的致命癌症有关。拿出一张5美元的钞票，你不仅可以看到他那下垂的眼睑，你也会有可能辨别他的右下唇角的轮廓特征肿块。在林肯生命最后一段时光拍摄的照片上也可以提供其他的线索，包括一副憔悴的外观、突出的颧骨以及凹陷的眼睛。一些历史学家们把他疲惫不堪的外表归因于内战的艰难，但是在战争逐渐平静的一年前的照片中则显示他容光焕发而且更加健康。

多发性内分泌肿瘤2B是一种非常罕见的、遗传性的、主导性的疾病，这意味着林肯的双亲之一，50%的兄弟姐妹以及他的50%的孩子受到了感染。索托斯博士发现林肯的家族历史与这点非常的一致：他的妈妈同样比较高，很瘦，他的3个儿子嘴唇周围有肿块。他的妈妈、哥哥以及4个孩子中的3个孩子都是很年轻就死了（那些嘴唇周围有肿块的孩子）。林肯的第四个儿子，唯一一个没有这种症状的人，活到了82岁。因为林肯家族现在没有活着的直系后裔，索托斯博士目前正在努力获得博物馆的允许，希望能够拥有包括总统DNA的信息进行基因测试，以确认这种诊断。

即使林肯的病被诊断出来，那个时期的医学能力也不能拯救他的生命。今天，患有多发性内分泌肿瘤2B的人只要这种疾病被足够早地诊断出来，并实时监测癌症和其他并发症的发生，那么这些人就可以多存活一段时间。

过去，因为涉及成本，医生们很少筛查罕见的疾病，这意味着携带者没有发现他们的状况，直到他们的胎儿、新生儿或者小孩子被诊断出患有这种罕见的疾病。既然基因筛查技术现在很先进而且成本不高，这让一次性完成几乎所有罕见病的筛查成为可能。

警告人们他们携带某种疾病，这样我们就可以使他们做出明智的计划生育决定，如筛查他们的配偶或者可能为人父母的一方，为的是每一个人都至少可以在怀孕前知道他们的孩子患有遗传疾病的可能性。

> 现在可以一次性地对几乎所有的罕见疾病进行筛查。

常见疾病

另一个对于准父母来说，基因筛查的好处就是他们可以得知他们把常见疾病传给孩子们的风险。知道你自己的常见病的风险不仅可以使你尝试阻止它们发作，同时也可以准确理解你也许会传给孩子什么疾病。我们可以通过了解我们的基因来消灭他们将来的疾病，而不是仅仅希望我们将来的孩子们在面对这种疾病的时候会选择更好的治疗。

基因筛查偏见：皮提亚方法

过去几年，我一直在从事一种新的筛查技术，叫作通过不同个体的联合分析的后代预测（简称OP-CADI）。OP-CADI 可以被用来通过对于每一个潜在父母的基因构成的联合分析，预测疾病的概率和还没有受孕孩子的特征。因为这种技术的官方名称很长，我的团队就把它叫作皮提亚方法（以一个希腊神话中神力强大的女祭司命名的）。

> 通过分析准父母的基因构成，我们能够预测影响未来孩子的疾病和特征的可能性。

皮提亚方法使用特别设计的电脑软件对来自父母双方基因构成的生物学合成过程进行复制，这个过程在孩子被怀上时就开始了，然后使用由此产生的信息来为每一个孩子的基因构成预测可能性范畴。我们不能决定一种常见疾病的确切风险，因为后代所具有的确切的基因构成还不得而知，通过分析准父母的基因构成，我们能够预测未来孩子将会患病的从最高到最低风险的范围。

皮提亚报告在概念方面与第三章讨论的易于理解的遗传报告类似，但是这个特殊的报告包括了从皮提亚方法中获得的结果。该报告包含两个部分，一个关于男孩，另一个关于女孩。这是因为男孩从爸爸那里继承了Y染色体，从妈妈那里继承了X染色体，女孩继承了两个X染色体（从每一方中）。因为这个原因，

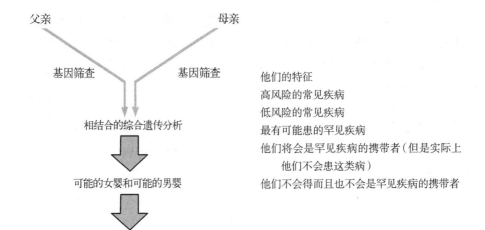

父亲   母亲

基因筛查   基因筛查

相结合的综合遗传分析

可能的女婴和可能的男婴

他们的特征

高风险的常见疾病

低风险的常见疾病

最有可能患的罕见疾病

他们将会是罕见疾病的携带者（但是实际上他们不会患这类病）

他们不会得而且也不会是罕见疾病的携带者

皮提亚方法

男人和女人之间的潜在的基因构成就不一样，这就意味着，继承与一些疾病相关联的基因变体的可能性也会不同。

下面就是一种也许能呈现给你的对于女孩实施皮提亚方法的结果。请牢记这个例子提供的仅仅是将会在实际报告中囊括的大量信息中的一小部分。

关于罕见疾病

囊肿性纤维化：25%的患病率，50%携带者的概率，25%的既不是携带者也不是感染者概率。

葡萄糖-6-磷酸脱氢酶：50%的患病概率，50%携带者的概率，0%的既不是感染者也不是携带者概率。

α-1-抗胰蛋白酶缺乏症：50%的携带者概率，99.98%的不会得此病的概率。

猝死：少于0.5%的猝死是由于致命的心律失常。

大疱性表皮松解：少于0.3%的患病概率。

色素性视网膜炎：少于0.1%的患病概率。

视网膜色素变性-肥胖-多指综合征：少于0.3%的携带者概率。

泰-萨克斯病：少于0.03%的携带者概率。

镰状细胞贫血：少于0.03%的携带者概率。

关于复杂疾病

乳腺癌：55%～80%终身风险。

黑色素瘤：10%～17%终身风险。

结肠癌：12%～21%终身风险。

肥胖症：4%～12%的儿童风险；14%～22%成年人风险。

老年痴呆症：4%～13%终身风险。

心脏病：11%～23%的早发性风险；21%～36%终身风险。

就像我们考虑药品一样，理解这种分析是很重要的，这种分析是基于我们对于目前的遗传密码的理解而得出的。虽然目前我们能够用这种方法来预测携带者的状态以及成百上千种疾病的风险，但是疾病的数量却会上升，而且这种风险预测的概率范围将会随着我们持续的学习而变得更小。

皮提亚方法，现在已经处于研究的最后阶段，对于任何想要孩子的人来说是很有用的，包括人们思考他们使用精子或卵子的捐赠者，因为它不仅仅提供客观的关于捐赠者的基因构成的信息，同时也有疾病的风险，这种疾病可能在两个人基因的混合中产生。

与生殖相关的基因筛查组合的例子

生殖基因筛查组合/精子或者卵子捐赠者基因筛查组合
（本基因筛查组合依据准父母的基因构成）

癌症（所有形式）
神经性的疾病（包括肌肉营养不良症、老年痴呆症、帕金森疾病、亨廷顿疾病、卢伽雷疾病，与其他的神经性疾病）
心脏病
中风
猝死的原因（包括心律失常）
结构性心脏缺陷
脊柱裂风险
罕见病筛查（包括罕见疾病、代谢性疾病和综合征）
骨骼异常和肢残
免疫系统疾病
智力缺陷
社交与人际互动障碍（包括自闭症、自闭症谱系障碍、阿斯伯格综合

征、莱特综合征）

听力障碍和听力失聪

视力障碍与失明

寿命

怀孕基因筛查组合

（用孕妇的基因构成来为她做基因筛查）

孩子的多发性硬化症的风险

孩子的脊柱裂风险

早产风险

孕期的先兆子痫，先兆子痫以及（或者）高血压

留下大的伤疤或剖腹产后伤口不愈合的风险

凝血障碍，血流异常以及其他的血液异常

罕见疾病筛查（包括罕见疾病、代谢性疾病和综合征）

妊娠糖尿病

胚胎和胎儿基因筛查组合

（使用基因构成来为胚胎和胎儿做基因筛查）

基于安全的个人遗传识别码

血型

罕见疾病筛查（包括罕见疾病的全面分析，代谢疾病以及综合征）

骨骼异常和肢残

智力缺陷

社交与人际互动障碍（包括自闭症、自闭症谱系障碍、阿斯伯格综合征、莱特综合征）

癌症（所有形式）

神经性的疾病（包括肌肉营养不良症、老年痴呆症、帕金森疾病、亨廷顿疾病、卢伽雷疾病，与其他的神经性疾病）

免疫系统疾病

心脏病

结构性心脏缺陷

心律失常和猝死原因

母乳喂养对智商的影响

女性生殖基因筛查组合

（使用妇女基因构成）

妇女不孕不育

流产风险

卵巢早衰

凝血异常，血流异常以及其他血液异常

影响生殖能力的异常（包括初级和中级的性别特征和性别逆转）

性腺机能减退（激素异常）

多囊卵巢综合征

甲状腺异常

罕见疾病筛查（包括对于罕见疾病、代谢性疾病和综合征）

男性生殖基因筛查组合

（使用男性基因构成）

男性不育症（包括精子的产生）

勃起功能障碍风险（包括高血压病、糖尿病以及外周动脉疾病）

勃起功能障碍药物的有效性

影响生殖能力的异常（包括初级和中级的性别特征和性别逆转）

性腺机能减退（激素异常）

罕见疾病筛查（包括对于罕见疾病、代谢性疾病和综合征）

　　如果您想获得与计划生育、怀孕、生殖能力相关的额外的基因筛查组合，请登录www.OutsmartYourGenes.com/Panels。

七

婴儿与儿童

保护我们挚爱的人

错误认识： 由于孩子年龄小，我们做不了什么来保护孩子免受疾病困扰，但这种疾病很可能在他们长大之后发作。

事实： 预防可以在任何时候开始，对于孩子的基因筛查能够帮助孩子们预防和治疗那些也许会在童年或者今后生活时影响他们的疾病。

个人识别与安全

很多年来，新生儿的脚印通常被用作识别的工具。后来，在20世纪80年代晚期以及20世纪90年代早期，美国儿科学会（American academy of pediatrics，AAP）建议反对用新生儿的脚印作为识别方法，因为10个有9个操作不正确，往往最后的印记不能识别，这让实践变得无用。另外，美国儿科学会声明可以使用更多的准确的技术，当然包括基因筛查。虽然没有被广泛使用，但基因筛查为个人提供了最准确的以及最可靠的身份识别方法，因为整个一生都是一样的，它不能伪造，而且它可以以任何一种生物标本的形式被检测到，即使这个人不在（例如，在犯罪现场测试一根头发或者其他样本）。

> 基因筛查能够提供最准确的以及最可靠的个人识别方法。

通过在染色体中对25～50种不同位置的碱基进行排序，新生儿、孩子以及成年人可以找到他们独特的基因识别码。这些位置通常和疾病风险无关，它只和个人识别码有关——由于这个原因，识别码不给任何人提供他想找到关于个人疾病风险的信息。

婴儿与儿童的基因筛查

在前面的一章里我们讨论了基因筛查,在从孕前到分娩的任何时间都可以进行的问题。在本章里,我们将会讨论从孩子出生到少年的任何时期关于基因筛查发生作用的方式。

婴儿猝死综合征的基因筛查(SIDS)

导致健康婴儿满月后死亡的头号杀手就是婴儿猝死综合征。看起来很健康的婴儿在没有任何明显原因的情况下会突然死亡,只是想想就够令家长恐惧的了,而且这病一发作就必死无疑。虽然几种原因(包括婴儿趴着睡觉或者接触吸烟环境)已经被考虑在内,但仍然受到争议,婴儿猝死综合征的直接原因却难以发现。现在,确实很明显的是相当一部分死于突发性婴儿猝死综合征的婴儿得了一种叫作长QT症的病,它是由于大量的基因变体引起的。长QT症是一种心脏电流操作系统异常的症状,它可以自发阻断正常的心跳节奏(叫作心律失常)导致猝死。

通过全面的基因筛查,我们可以识别那些众所周知的引起长QT症的基因变体。有了这种知识,我们可以制定预防性的措施,并且保护这些孩子们免于婴儿猝死综合征。

1998年,《新英格兰医学杂志》刊登了一篇由匹特·舒尔茨博士篡写的研究报告,这是全世界心律失常方面最有权威的成果之一。关于这份报告,舒尔茨博士和他的团队对3万多名婴儿进行了大量的筛查测试,包括心电图。接受测试的大量婴儿都死于婴儿猝死综合征,同时在他们活着的时候通过在他们身上提取并评估了心电图,研究者们发现有50%的病例已经显示出长QT症。

到2000年,舒尔茨博士发表了另外一篇文章,讨论了一个新生儿一直很健康,直到出生后44天,他的父母发现他突然没有呼吸而且没有脉搏。他们赶忙把他送到了急诊室,在那里医生们发现他有一个伴随着长QT症出现的威胁生命的心律失常现象。很幸运的是,在那个案例中,他们能够电击他的心脏来保持一个正常的心跳节奏,并给那个孩子药物治疗来阻止心律失常复发。这个孩子一直在接受药物治疗,在他5岁的时候,状态非常好而且不再有威胁生命的症状。

在当时,舒尔茨博士对这个孩子进行了基因筛查,发现他基因里面有变体,而且这种基因与长QT症相关。研究者们随后研究了男孩子的父母,发现他们都没有携带这种变体,这表明它是在孩子体内自然产生的。大量的这些自然产生的新的变体,叫作正在发生的"新生",它们是无害的,而且还是不引人注意的,但是偶尔（就像这个例子中的一样）它们可以在一个很重要的基因中产生而且与严重的疾病有关。

正如舒尔茨博士在他的文章里指出的那样，如果婴儿死亡，那么他的死就会被归类为是婴儿猝死综合征，而且真正原因始终不会被发现。

如果一个医生知道一个婴儿的基因构成包含着与长QT症相关的有害变体，那么这个婴儿就可以给予β−受体阻滞剂的药物治疗（这是与上述所讲故事中，给那个孩子实施的相同的药物治疗），这已被证明可以把长QT症带来的死亡威胁从不用药时20%多的风险率降低到3%以下。而且，这仅是一个预防措施。其他的包括经常性的心脏病监测以及训练父母万一在家里遇到紧急情况来使用除颤器（一个使心脏受到震颤的机器）。因为这么多婴儿猝死综合征的案例都是归因于长QT综合征，在有症状显现出来之前查出来并做一些预防性措施也许会降低婴儿猝死综合征的比率。

> 基因筛查可以识别严重的会导致突发性婴幼儿死亡的情况，因此可以在威胁性的情况产生之前做一些预防性的措施。

就如舒尔茨博士总结的那样，"这种预防思想有着现实的重要性，关键在于大多数由长QT综合征引起的死亡是可以防范的"。对所有的婴儿用心电图筛查已经受到阻碍，因为它被认为是一个不准确而且代价高昂的监测长QT综合征措施。通过使用全面的基因筛查和基因筛查组合，不管怎样，我们可以筛查到一些威胁生命的情况和其他的可以影响婴儿的疾病和特征，这样就可以使得筛查成本更低，同时也增加我们查出患某一疾病的任何倾向性的机会。

自闭症的筛查

患有自闭症和大量其他像阿斯伯格综合征和莱特综合征等类似异常的孩子，表现出不同严重程度的发育障碍图谱，这些障碍常被总称为自闭症谱系障碍（autistic spectrum disorder，ASD）。

不幸的是，在过去的30年中，得自闭症的孩子数量一直在增长，使这种疾病成为孩子中最流行的发育障碍之一。

现在，研究表明，每100个孩子中就会有一个孩子有自闭症。虽然确切的原因仍然难以捉摸，遗传学应该为孩子患有自闭症的大约90%原因负责，其余原因属于非遗传因素。

大约25%被诊断出患有自闭症的孩子都是在3岁有改善，到7岁的时候他们可以说话而且可以上学，即使他们会继续表现出自闭症的特征。剩余的75%，无论如何，都没有明显的改善而且一生都需要特别的治疗。药物治疗和其他治疗可以帮助应付那些症状，目前为止还没有可以治愈自闭症的方法。不管怎样，早期的诊断报告和介入治疗可以被用来改变生活。研究表明，早期诊断和小时候接受介入治疗的孩子们很有可能会自闭症症状减轻和社交活动能力显著改善。因为这点，用基因筛查来识别患有自闭症的孩子能够提供相当有用的信息。

一个很有意思的自闭症的特点就是它通常和比较大的头形有关，多达80%的自闭症患者有头围大于第50百分位和近25%的头围大于第98百分位。在患有自闭症的人以及有一个大的头围的人中，约有七分之一多的人存在着PTEN基因的变体。大脑中神经细胞的生长被限制的罪魁祸首就是PTEN基因。变体可以引起基因功能紊乱，这一点可以导致神经细胞生长的异常增长。由于这个原因，大脑中的神经细胞变得比正常时候更厚，而且这些异常的大细胞也许就是自闭症和一直增大的头围的元凶。EN2基因中的变体提高了40%多的自闭症风险。不管如何，不像PTEN，EN2变体并不直接引起自闭症，但是会增加患病风险。

> 检测自闭症风险的基因筛查为我们提供了诊断和干预方法。

对于大脑的正常发育来说，EN2基因是必要的。当变体引起功能异常的时候，结果就是大脑发育异常。不管怎样，很有可能其他基因中的变体和非遗传因素与EN2变体作用从而导致自闭症。一个很有趣的现象是，在老鼠中呈现出的EN2基因非功能性的像自闭症的行为，但是即使雄鼠和雌鼠都有非功能性的EN2基因，还是有很多雄鼠有疾病的特征。研究者们认为雌鼠也许会有其他的基因变体，这样可以保护它们免于自闭症。这是一个非常有用的发现，因为在人类中男女患自闭症的比率是4∶1。过去人们认为，男性更容易患自闭症，因为变体仅影响他们，但是出现一种可能，那就是男性和女性都会以同样的比率被感染，但女性包含其他的保护性因素，虽然还没有被发现，比如在她们遗传密码中的其他变体，它可以阻止自闭症表现出来。发现这种保护性因素就很可能引出对于自闭症的治疗方法。在自闭症研究领域最激烈的争议之一是围绕免疫接种，比如预防孩子麻疹、腮腺炎和风疹的MMR疫苗，它是否会增加自闭症的风险。在免疫接种之前，感染麻疹被认为是和死亡及税收一样不可避免，但是由于有了疫苗，美国麻疹的患病率少于1%。自从MMR疫苗在20世纪70年代首次使用后，多达5亿多剂量的疫苗被供给，估计能够预防5 000万例的麻疹和150万的死亡病例。

很明显，MMR和许多其他疫苗对于那些严重的传染病来说有帮助。但是许多人提出反对意见，他们认为儿童疫苗，比如MMR疫苗，也许会增加儿童患有或者直接导致其自闭症。

他们关切的首要原因是含汞元素的使用比如硫柳汞，它被用作很多疫苗中的防腐剂（虽然它从来没有用在MMR疫苗中）。尽管硫柳汞自从1999年开始整体使用量明显减少，但它仍然在一些疫苗中被使用。这里主要的争议就是集中在汞会对孩子大脑的发育造成伤害（或者疫苗中的其他物质），从而导致自闭症。但是，大量的科学研究并没有成功地检测出疫苗和自闭症间的任何这类关联。

> 需要大规模的研究来核查孩子基因构成、自闭症以及各种各样非遗患因素比如特定的疫苗之间的关系。

作为一名遗传学家，多做测试是必要的，不仅要探查疫苗和自闭症的关系，而且还要对所有自闭症的孩子做全面基因筛查，这样才能排除一些孩子在接受疫苗时也许身体里没有导致自闭症的变体。

这是一个合理的假设，因为特定的酶对于帮助身体处理疫苗中大量的物质是很有必要的，包括疫苗中发现的汞，而且生产这些酶的基因的变体也许会改变一个孩子机体对这些物质的反应方式。研究应该评估每一个孩子整体的基因构成，而且应该包括成百上千的孩子，这样做主要是罕见的变体和它们的影响也能够被侦测到，而不是只观察一些基因。这种方法已经识别了很多和成百上千种其他疾病相关的变体，而且如果在基因变体和非遗传因素（比如疫苗或者在一个疫苗中具体的成分）以及自闭症之间建立一种联系的话，这可以给我们提供一种在对孩子进行任何非遗传因素分析之前预测风险的方法。

保护你的孩子免于多发性硬化症的困扰

多发性硬化症（multiple sclerosis, MS）是一种慢性的，通常能够影响神经系统的进行性自发免疫系统疾病。这个名称，意思是"多种伤疤"，指的是就像伤疤那样的组织，由于受到自身免疫系统的攻击而在整个大脑和脊髓形成的。准确的原因现在还无法得知，但是很多基因变体和非遗传因素已经和日益增加的风险紧密相关。

最有趣的发现之一就是，住在靠近赤道附近国家里的人们患多发性硬化症的比率要比那些居住在远离赤道的国家的人们的比率低，比如在北美洲以及西欧和北欧一带。很多研究已经准确地观察和检测到了不同的居住地和感染MS风险的纬度之间的关系，而且研究结果已经确定了一个事实，那些居住在赤道附近并且在前15年里接受阳光照晒较多的人们患多发性硬化症的风险就低，而居住在寒冷气候地区并且在15年中很少看到阳光的人们，即使他们距离赤道很近，患多发性硬化症的风险也比较高。因为这个原因，与这个非遗传因素相关联的风险似乎完全依赖人在头15年里居住的位置。

在关于纬度和患有多发性硬化症之间的关系的前沿理论之一就是居住在赤道附近的人们，要比那些住在远离赤道附近的人们接受的阳光照射要更多。因为我们的身体只在太阳光紫外线B（UVB）射线被我们的皮肤充分吸收时才产生，少量的阳光照晒意味着我们的身体产生少量的维生素D。这个理论指出，正是由于这个减少的维生素D的生产才增加了人们患有多发性硬化症的风险。

2009年，牛津大学的研究者们发表了一份关于人们遗传构成、维生素D水平以及患有多发性硬化症之间关系的深度研究报告。该报告发现，当HLA-DRB1基因包含一种特定的变体的时候，它的功能就完全依赖维生素D的水平。当维生素D水平正常时，具有这种变体的基因就会正常工作，但是当维生素D的水平很低的时候，这个基因就会出现功能紊乱。如果你没有基因变体，不管如何，HLA-DRB1基因都会借着维生素D的水平正常的运转，就是这个变体使得基因正常的功能运转直接依赖身体内恰当的维生素D的含量。

相同的变体，可以在15%～40%的人群中发生，当然已经被证明与增加的多发性硬化症相关联。因此，HLA-DRB1变体直接给维生素D的水平与多发性硬化症之间提供了一个直接的关系。

当有某一特定基因变体的孩子出现较低维生素D水平时，他们患多发性硬化症的风险就会大大增加。

HLA-DRB1基因直接关系到告诉我们的免疫细胞谁是外敌而且应该受到攻击，比如那些细菌和病毒，以及我们的一部分还有不应该受到攻击，再比如我们神经系统中的神经元。如果免疫细胞失控而且反应过度（偶尔会出现这种情况），那么HLA-DRB1基因就会帮助身体识别和摧毁这些有害细胞。这一点在儿童时期非常重要，甚至在胎儿发育时期，那个时候身体正在使用HLA-DRB1基因告诉免疫系统它需要知道什么。如果一个HLA-DRB1基因中有变体的孩子有一个很低的维生素D水平，那么基因就会紊乱，而且免疫系统也不可能正确地接受训练。这可以导致无赖免疫细胞的集结，这些细胞能够持续对神经系统产生危害。

不幸的是，全世界有相当一部分人具有较低水平维生素D的含量。研究表明，美国人中每两个就有一个缺乏维生素D。在欧洲和亚洲，也有大量的孕期妇女和婴儿有这种维生素D比较低的报告。但是即使像在夏威夷和亚利桑那州的南部地区，人们会认为那里的人们有足够的日照量，可是大约50%的人仍然缺乏维生素D。

黑皮肤的人风险更高一些，基于同样的原因，也就是他们很少接受日晒。黑皮肤阻止了大量的UVB射线深深地进入皮肤,刺激身体内维生素的产生。因此,深色皮肤帮助保护日晒,同时也增加维生素缺乏的风险。由于这个原因,几乎90%的非洲裔美国孩子和75%以上的西班牙裔美国小孩被发现体内的维生素D的水平为次优级。

维生素D 的水平通过一个简单的血液测试就能够确定。如果发现你的孩子缺乏后,你可以有很多不同的方法去改善问题。如果你住在一个阳光明媚的地区,你就能够确保每天不用防晒霜而用上10～15分钟时间去户外活动。不幸的是,维生素D的缺乏是很难依靠饮食来纠正的,除非通过喝鳕鱼肝油。就我个人而言,我不太喜欢鳕鱼肝油的味道,而且我猜你们的孩子们也不喜欢,因此提高他们饮食的摄入量最容易的方法之一就是给他们补充维生素D3。不,多种维生素剂很有可能不会包含足够的维生素D 以满足需要。大多数的多种维生素(甚至是出生前的多种维生素)包含介于200～400国际单位的维生素D3,但是足够的补充量通常需要每天1 000 个国际单位。你的医生能够准确地告诉你如果发现你或者你的孩子缺乏维生素D的话,那么你或者你的孩子的需要量是多少。

因为很多不同的变体与非遗传因素会带来多发性硬化症的风险,识别到了这个变体以及纠正任何维生素D的缺乏也许不会阻止疾病,但是做到这些步骤可以帮助减少你的孩子患有多发性硬化症的风险,也许会避免它。

斗士基因
儿童期虐待、反社会行为以及犯罪行为

男性中的MAOA基因变体与容易冲动倾向、反社会行为(被定义为:因为暴力犯罪而被捕以及精神病症状,比如给别人施加痛苦)和参与身体暴力的极大可能性有关系。当科学家们试图通过在小鼠身上复制这个结论去以一种类似的方式改变MAOA基因时,他们发现雄鼠通常表现出非常有进攻性的行为,并且持续冒犯以及进攻其他小鼠。同样的暴力倾向在猴子中的MAOA基因中的变体也被发现了。因为在人类以及其他物种中的暴力与进攻性倾向的关联,媒体把它誉为斗士基因。

杜克大学基因组科学和政策学院的心理学和神经科学的知名教授艾弗沙勒姆·卡斯皮博士,在2002年做了一项研究,明确了基因中具体

的变体与那些感情上、身体上或者对儿童性虐待的男性具有的增长风险有关。

卡斯皮博士用25年时间调查了1 000多个白人男性，他发现85%有变体的这些人以及那些从身体上、性和情感上在儿童期被虐待的人持续产生一些反社会的行为。那些没有MAOA基因变体，但童年期被虐待的人没有一个增加反社会行为的风险，那些有变体，但儿童期未被虐待的人也同样没有这种风险。所以看来，对于很多个人来说，变体和儿童期被虐待都可以引起反社会行为的发生。仅就暴力而言，研究中45%的暴力罪犯具有变体而且儿童期被虐待过，意味着这种遗传-环境的互动与暴力倾向密切相关。

MAOA基因参与了大脑内部的化学信号控制，而且大脑如何处理情感和思考都受到它直接的影响。与反社会行为相关的变体引起了基因功能紊乱，导致了在男性（但不是女性）的大脑如何处理收到的信息方面细微的不同。这些个人的大脑对于情感和记忆似乎有一个敏感性的增加，但是对于控制冲动方面能力较弱。

众所周知，儿童期虐待引起了大脑的显著变化（包括在神经递质层次的改变）这些变化在整个成年期都会存在。当没有这种MAOA基因变体的人忍受虐待的时候，他们的大脑更具弹性，因为基因是正常运转的。本质上来说，MAOA基因帮助纠正由于童年受虐而造成的对于大脑的有害变化，因此，在给定的时间，它可以自己治愈自己。但是当基因含有这种具体的变体，那么大脑对于神经递质层次的变化就高度的敏感。因此，对于受到的巨大和长期的伤害就更加敏感，这也许最终会以暴力、进攻和反社会行为的形式出现。

MAOA基因中变体仅仅影响男性的唯一原因很有可能因为它有X染色体。男性只有一个X染色体，因此只有一种MAOA基因。如果有这种变体，那么他们仅有的MAOA基因就不会正常运转。女性具有两套X染色体，而且两套都很少能有MAOA基因产生变体的时候。这就意味着女性更可能有至少一个正常运转的MAOA基因，因此可以保护她们避开这样的行为问题。

2009年，佛罗里达州立大学犯罪和刑事司法学院的凯文·比夫博士发表了一篇对于2 000多个美国人的研究,该研究明确了MAOA基因中同样的变体能够提高男性(但不是女性)加入一个团伙和使用武器的可能性。在观察了加入团伙使用武器的人们的风险后,比夫博士也发现了那些具有MAOA变体的人,在战斗中要比那些没有变体的团伙成员使用武器的倾向性高出200多倍。如比夫博士说明的那样,这些发现似乎暗示了在团伙成员中暴力倾向的差异是由于我们的DNA决定的。

与MAOA变体、儿童期虐待以及反社会行为相关的一些发现已经被大量的研究成果佐证。因为儿童期虐待似乎是这个有害的3个因素的一个必要组成部分,儿童福利机构能够在其观察下尽可能地使用基因筛查去识别那些高风险的孩子们,而且能够采取额外的、主动的措施来限制他们接触那些或许在他们以后人生中会引起反社会行为的环境。儿科医师、社会工作者以及其他保健提供者同时也可以监测这些孩子和他们的家庭环境看是否具有虐待的迹象,而且法医廓线仪与惩教机构能够使用信息来识别那些处于暴力行为和武器使用高风险的罪犯。

阅读障碍——遗传成分

阅读障碍是一种可以影响大脑理解和处理书面以及口头语言方法的障碍,它能够影响几乎80%的被诊断出患有学习障碍的人。同时,根据国际阅读障碍协会,多达五分之一学龄阶段的孩子和成年人被认为有某种程度的障碍。

现在已经提出了很多理论,不过仍然没有发现明确的识别阅读障碍的原因。

尽管也许还没有任何直接的治疗,但是有很多技术和介入方法使人们在这种障碍被识别出来后能够克服或做一些补偿。

人们估计遗传是60%的阅读功能紊乱,包括阅读障碍的主要原因。

与在这本书中讨论的所有其他的性状和疾病一样,阅读障碍和阅读困难具有一个清晰的遗传基础,而且多种基因变体已经和二者紧密相关。人们估计遗传是60%的阅读功能紊乱,包括阅读障碍的主要原因。

DCDC2基因中的变体在早期脑部发育的时候辅助了大脑位置的神经细胞,这种基因与阅读障碍有关。研究者们认为这些变体最有可能和KIAA0319

基因中的变体互相作用,这一点对于能够处理语言功能的神经元的初始定位是很重要的。当变体在这两个基因中同时存在的时候,它们阻断了正常的基因功能,导致了轻微得异常的迂曲脑部接线,这样反过来可以导致阅读障碍。

与大多数复杂的疾病和功能紊乱情况相同的是,阅读障碍是由于多种基因中的基因变体与多种非遗传因素作用的结果。基因筛查能够提供的是对于阅读障碍一种倾向性的指示,这样可以做到一个早期的、更加明确的诊断和早期的介入治疗。早期实施准确的介入治疗能够抑制挫折感,并且使孩子拥有他需要的工具来克服这种障碍。像肥胖、不孕不育以及其他任何问题一样,得知有一种具体的遗传成分在作怪,不仅能够减轻内疚感,同时也能够允许那些有问题的人集中去找到一个解决办法。

识别注意力缺陷/多动症(attention deficit hyperactivity disorder, ADHD)

ADHD影响了多达7%的儿童。大约90%的原因是由遗传决定,10%由非遗传因素决定,比如妈妈是否在怀孕时吸烟。

与大脑中的神经递质有关的主要在基因中的大量变体,已经被发现能够增加ADHD的风险。虽然这些变体中的每一个的影响是中度的,但当这些变体的作用叠加在一起的时候,它们也许对神经递质的水平有一个显著的影响,会引起大脑功能异常以及和ADHD相关的症状。例如,DRD4基因中的变体,影响神经递质多巴胺而且似乎能够增加冲动和兴奋的风险。其他的在SLC6A4基因中的变体影响神经递质羟色胺,而且很有可能增加注意力缺失和烦躁的风险。并且更多地在SNAP25基因中的变体能够增加多动症的风险。这些,与其他相似的基因中的变体一样,都能够影响大脑的运转。还有其他研究正在进行,为的是更好地理解这些以及任何其他变体如何一起作用引起ADHD,我们希望在接下来的几年有一个真正的可操作的数据。

预防肥胖症和糖尿病的筛查

在第五章我们讨论了一些具体的增加孩子们肥胖症风险的变体。知道一个孩子有肥胖症倾向会有助于这个孩子以及他的家庭去克服错误的内疚感并提高自尊心。但是,更重要的是,基因筛查可以用来发现那些变体,它们将会帮助孩子战胜自身的基因并减少多余的体重。

造成糖尿病的主要原因之一就是肥胖症,其他许多同样的变体能够增加孩子肥胖症风险和糖尿病风险,但是仅仅当他们变得超重或者肥胖的时候。因此攻克那些让孩子们易患肥胖症的基因将会使得他们避免2型糖尿病。

预测和防止老年痴呆症

看到老年痴呆症与儿童基因筛查放在一起讨论,你也许会感到惊讶,但是预防这种病可以在任何一个年龄段开始,而且从预测医学的角度来说,你能越早地意识到这种病的风险,你就能越快地进行预防。

头部外伤,特别是来自身体对抗的体育运动,比如拳击、曲棍球和橄榄球,已经发现与老年痴呆症有关。在头部外伤之后,相当一部分老年痴呆症的风险是由于在APOE基因也就是E4中的变体引起的。我们将在第九章中进一步讨论

> 基因筛查能够确认一些孩子,如果他们将来头部受到严重伤害就会有更高得老年痴呆症的风险。

这个基因,但是对于我们现在的讨论更加重要的是,在严重脑部受伤之后老年痴呆症增加的风险。那些体内有一套E4变体的人们增加约200%的风险,如果体内有两套这样变体,那么这种风险就会增加1 000%。APOE基因的正常运转对于维持和修护脑部神经元的结构性完整是很有必要的。当基因异常的时候(就是变体的作用),那种结构性完整就会受到危害,而且大脑在受伤后不能有效地治愈自己,这意味着一个孩子或者一个年轻的成年人的大脑在抵御外伤的时候变得更加脆弱,而且老年痴呆症更有可能在生命的后期出现。

在大约20%的非洲裔美国人、15%的高加索人以及8%的亚洲人的机体内只存在单一的一套这类变体。而在大约4%的非洲裔美国人、3%的高加索人以及不到1%的亚洲人的机体内则存在着两套这类变体。

尽管每天的头部撞击不足以增加一个有这类变体的人患有老年痴呆症的风险,但是由于体育运动和军事活动而反复造成的头部外伤却足以导致痴呆或者老年痴呆症。

88 计划

有APOE基因变体进而有极大痴呆风险的那些青壮年的头部外伤和老年痴呆症之间有着紧密的关系。有些研究必须得做,以证明童年避免脑部外伤与降低痴呆症风险之间的联系。但是我已经从对青壮年的研究中推断出对孩子的这种干预作用。除了科学研究,有一些坊间的证据也说,在那些参加身体对抗体育运动,比如说职业橄榄球的运动员中

有得痴呆症的高风险。

2007年，美国国家橄榄球联盟开展了一个叫作"88计划"的项目，这个项目每年给那些忍受痴呆和老年痴呆症，而且需要经济资助的退役运动员提供8.8万美元。这个计划是以巴尔的摩小马队名人堂成员约翰·麦基命名的，他的球衣号码是88。麦基是有史以来最棒的边锋之一，曾经遭受过很多正面的碰撞，在60岁时被诊断出患有痴呆症。很多其他球员也得了痴呆或老年痴呆症，其中的一些人才只有30多岁或者40多岁。2007年《纽约时报》发表了一篇关于橄榄球运动员头部外伤影响的文章，提到"一个神经病理学家对去年秋天44岁时自杀的前费城鹰队球员安德鲁·华特斯进行尸检后说，持续的脑震荡导致了华特斯的脑组织就像一个患有老年痴呆症的80岁的人一样。前英格兰爱国者队后卫34岁的泰德·约翰逊的医生们说，他正表现出与即将来临的老年痴呆症有关的抑郁和记忆力减退"。因为对于退役橄榄球运动员身上患有痴呆症和老年痴呆症的日益担忧，美国国家橄榄球联盟开展了88计划，运动员联盟执行总监吉恩·阿普绍（Gene Upshaw）指出，当他得知多达30名退役运动员在项目启动后登记寻求经济资助的时候"非常吃惊"。

体育运动协会不仅仅切实帮助那些家庭，同时也在参与研究。例如，橄榄球协会正在赞助一项研究，该研究主要是为了搞清楚头部外伤与痴呆症的关系。而且由美国国家橄榄球联盟赞助的对于退役运动员的研究已经表明，在30～49岁的职业橄榄球男性运动员患有老年痴呆症和痴呆症的比率要比那些非职业运动员更高一些。

尽管我们不知道在约翰·麦基、泰德·约翰逊和其他的国家橄榄球联盟的运动员的APOE基因中是否有特殊的变体增加了头部外伤后的老年痴呆症风险，但是我们确实知道并不是所有运动员都受到影响。遗传是最有可能的原因，而且APOE基因是目前的研究将会首要检查的一项内容。

对于APOE变体、头部外伤以及痴呆症之间的联系，持续关注是相当有用的。每年有100多万青少年参加高中橄榄球运动，在2007年，《纽约时报》报道有近50%的运动员指出他们承受着脑震荡的痛苦，

35%的运动员说仅在一个赛季已经忍受了多重脑震荡。这就意味着，每年有近50万青少年因为玩橄榄球而忍受着脑震荡的痛苦。因为APOE变体的平均患病率约为15%，这相当于7.5万个有变体的孩子每年要忍受脑震荡的痛苦。而这并不包括那些参加足球、冰球、摔跤、曲棍球、拳击、滑雪以及其他任何有高头部外伤风险活动的青春期前的孩子和青少年。

提醒家长和孩子们，因为他们年轻时做的事会使他们未来有可能面对某种疾病风险，这样做可以使他们在当前做出明智的决定。

具有这种APOE变体的孩子不必深居简出，但是他们的父母也许可以选择引导他们参加非身体对抗类的运动。不管是家长还是孩子都应该意识到在骑自行车以及滑雪等时候戴头盔的重要性。

很有趣的是，另外一种减少老年痴呆风险的方法是一个会受到任何父母珍视的方法——也就是靠教育。已经表明，一个人用脑越多，他接受的教育越多，那么他患有老年痴呆症的风险就越低。知道这点，家长们就可以鼓励孩子待在学校学习更多的知识。而且，因为预防老年痴呆症的作用随着教育水平的提高而提高，所以易患老年痴呆症的年轻人也许会更加倾向于追求大学之后的研究生学习。

哮喘的遗传原因

哮喘是一种慢性疾病，它可以引起一个人的气道炎症和收缩，导致呼吸变短和呼吸困难。这种病现在很普遍，影响了全球1.5亿多人以及2 000万美国人，包括几乎十分之一18岁以下的儿童。对于那些居住在都市环境中的孩子们来说，这一数字会上升到大约四分之一。

有遗传和非遗传原因，也就是说，孩子们也许因为遗传而患上哮喘，但是这种病接触到特定的非遗传因素时会有病状的显现，而且会进一步恶化，比如吸烟环境、交通造成的空气污染，服用某些药物甚至是锻炼。

很多基因变体增加了孩子们患哮喘的风险，这一点已经被确认，研究者们现在正在明确一些潜在的非遗传因素与这些导致哮喘的变体互相作用的方法。这个意思就是说，如果一个孩子具有一种特定的变体，家长们就可以采取必要的措施去限制接触会使病情恶化的非遗传因素，而且尽可能地去控制或者直接预防这种疾病。控制症状和预防哮喘的袭击是非常重要的，因为不受控制的哮喘对于孩子会最终导致不可逆转的气道的损害。

过敏源是在非遗传因素中最普遍常见的与加剧哮喘相关的物质。这种过敏源的两个最常见的来源是尘螨和蟑螂。蟑螂是很普遍的，特别是在城市中，尘螨生活在我们的家中而且整天待在灰尘中。大量的初始研究已经发现了特定基因变体、哮喘加剧以及接触尘螨和蟑螂的关系。

2008年，哈佛医学院和波士顿布里格姆与妇科医院的研究者们发表了对于患有哮喘的孩子们的初始性研究结果。一个就是确认了IL12A基因中的变体，这种变体与对于蟑螂的过敏性反应相关。另外一个发现在IL10基因中有变体的孩子们，当他们接触尘螨的时候会有更高的哮喘加剧风险，而如果没有这些变体，他们会对尘螨更有耐受性。结果也表明，当尘螨的聚集下跌到一个比较低的水平时，那么具有变体的孩子们不会再有哮喘加剧的风险。

IL12A和IL10基因都在机体对过敏源的免疫反应上起重要作用，这些基因中的变体使得它们变得功能异常，这样一来，人们会对于具体的过敏源有更激烈的反应。通过使用基因筛查，像哮喘这样的疾病就会有一个新的、个性化的名称。比如，一个孩子也许会被诊断出患有不耐尘螨的哮喘病，而不是被诊断出患有哮喘病。因此，对于确切的引发性原因，预防性措施将会变得更加个性化和有针对性。

虽然这些变体和环境因素有关，并且能够导致哮喘恶化，但是有很多其他变体直接与孩子们哮喘的风险相关。其中的一个存在于ADAM33基因中，而这个基因对于一个成长中的胎儿的肺部和气道的良好发育来说是很重要的。这种基因中的变体已经被证明可以增加哮喘的风险，同时一项研究表明，一个孩子如果在ADAM33基因中具有一个或者多个变体，而且这个孩子在宫内接触到吸烟（比如妈妈吸烟或者在她怀孕的时候待在周围吸烟的环境中），那么这个孩子就会有一个明显的哮喘高发的风险。

有很多的药物可以控制哮喘，其作用因人而异。遗传学可以帮助我们更加准确地理解为什么会发生哮喘，这样，我们就可以为每个人开出最有效的药物。

例如，CRHR1基因中的变体决定是否吸收的类固醇药物（比如弗洛温特或者普米克）会带来大量的良性反

治疗哮喘病时，哪些药物是最有效的，哪些是最无效的，预测医学为人们提供了非常有用的信息。

应。尽管所有人在这种药物中都体会到某种程度的改善，但与那些没有任何变体的人相比，那些在CRHR1基因中有变体的人们体会到的几乎是4倍的肺功能改善。

　　CRHR1基因涉及机体对于压力的反应。当机体受到压力的时候，CRHR1就会引起皮质醇的释放，这是一种由我们的身体产生的保护性类固醇。不管怎样，当CRHR1基因包含了特定的变体的时候，它就会表现出功能异常，而且对于压力的反应不再有适量的皮质醇分泌。因为吸入的类固醇可以通过给机体提供一种外部来源的保护性类固醇来帮助纠正这种功能异常，所以，具有这种变体的人会对于药物有一种显著的反应。另外一个方面，没有变体的人，能够自己分泌足够的保护性类固醇，因此，额外的外部类固醇没有给它们带来益处。预测医学的最终目标就是能够给人们提供这种个性化的信息，使医疗会更加针对他们特定的基因构成。

"把音乐声调小，否则就会使你耳聋"的基因

　　我们都自己听过或者说过："把你的音乐声调小一点，否则你就会聋！"虽然变聋的风险有点夸张了（至少大多数时候），但对于那些总听一些高声音乐或者噪音的人，特别是在与听力相关的基因中具有变体的人来说，永久性听力障碍实际上是一个很值得关注的事。通常噪音与工作相关（举个例子，如果这个人在建筑工地或有大噪音机械的工厂工作），但是这种风险也许和持续地听一些高分贝音乐有关，就像大多数的孩子都有这个倾向一样。例如，超过85分贝的噪音就可能有害了，而且手拿设备就像MP3播放器，依赖耳机的使用，能够达到130分贝。因为那么多人听这种达到巨大噪音水平的设备，波士顿儿童医院的听觉科主任和哈佛医学院的教授布莱恩·弗利格博士指出，MP3播放器和听力障碍之间有一个毋庸置疑的联系。

　　HSP70名称代表了一组保护人体免遭压力的基因。当一个刺激性的因素发生，比如从噪音产生的声音过度刺激，HSP70基因就着手开始生产保护性蛋白。减少这些基因活动的变体能够减少保护性蛋白的水平，因此，会由于噪音而增加听力障碍的风险，那些增加基因活动的物

质在这些同样的条件下确实能够保护免于听力障碍的困扰。

由于接触持续的、高声地噪音而导致的听力障碍倾向方面的基因筛查，会提醒孩子和家长一个基本的事实，那就是，听大声的音乐很有可能对于他们的听力造成永久性的影响。

从第一天开始就与癌症顽强奋战

我始终坚信癌症的预防可以而且应该在儿童时期开始。我们应该给予家长和孩子们机会来了解可预防的、有风险的疾病，而不是在采取行动之前等十几年，这样他们能够在孩子们还小的时候就采取预防性的措施，即使这种疾病在他们的后半生才会影响到他们。我会在第十章讨论预测医学能够保护成年人预防癌症的一些方法，但在下面我要讨论一下如何利用它来保护我们的孩子。

乳腺癌

在听到儿童时期可以开始预防乳腺癌后，你也许会很吃惊。我们要通过对那些诸如接触X射线和CAT扫描等非遗传性因素施加控制来实现预防。一段时间以来，我们已经知道接触放射试验将会在做完放射后的几十年仍在增加一个妇女患乳腺癌的风险。但是另外一些研究已经表明，那些在基因方面倾向于患乳腺癌的妇女们，比如BRCA1，BRCA2，CHEK2或者ATM基因中具有变体的妇女，在接触了辐射之后会有一个更高的风险。事实上，研究已经表明，如果这些妇女在20岁之前受到一个低剂量的辐射，比如说从胸部X光中得到，那么她的风险将会提高250%还多。

很多能够增加一个人乳腺癌的风险的变体都会如此，因为它们减少了在DNA损坏时候负责修理它的基因的有效性。况且辐射是DNA损坏的主要原因。这些人遭受的DNA损坏越多，乳腺细胞开始不受控制分裂的可能性越大，最终导致癌症。因此，虽然没有辐射，但这些变体也会增加乳腺癌的风险，但是有了辐射风险就如同火上浇油。既然我们具有这种信息，而且有能力一次性地为所有这些变体做基因筛查，从我的医疗观点来看，从一出生就限制那些携带有一个或两个乳腺癌基因变体的儿童（女孩和男孩）的放射线使用，这一做法是极其明智的。一个人通过辐射获得的信息中的大部分是完全可以通过别的试验得以确定的，比如说全面的身体检查、验血、磁共振成像、超声

> 在遗传方面有患乳腺癌倾向的孩子应该避免接触辐射。

波检查,都完全不涉及辐射。例如,如果一个医生认为你的孩子也许会有肺部感染,这个医生能够根据身体检查和验血来诊断,而不是机械地让孩子做胸部X光。

当然,万一遇到威胁生命的紧急情况,也许没办法避免X射线和CAT扫描,但是如果放射检验不是唯一,知道你的孩子是否具有一个乳腺癌基因变体则会影响医生关于孩子最佳治疗方案的选择。

皮肤癌

在美国每年有100多万人被检测出患有皮肤癌。皮肤癌以两种形式存在:黑色素瘤和非黑色素瘤,非黑色素瘤包括基底细胞和鳞状细胞皮肤癌。虽然大多数与皮肤癌相关的死亡都和黑色素瘤有关,但整个皮肤肿瘤必须做手术来清除,通常会引起疼痛,有时候也会导致毁容。

几乎所有的皮肤癌都是因为遗传和非遗传的综合因素发展而来,其中主要的非遗传因素几乎一直是指过多地接触太阳光。每次晒太阳,特别是在20岁之前,就会明显增加发生皮肤癌的风险。因为这点,避免在儿童时期晒太阳对于降低全面的风险来说至关重要。而且就像乳腺癌情况那样,具有某些基因变体的人们,如果在儿童时期接受了太多的日晒后就会有一个更大的风险。

很明确的一点就是,如果家长知道他们的孩子具有这些皮肤癌变体中的一个,那么他们就能够格外注意限制孩子在童年时期接触日晒,这样能够积极地保护他们免于日晒带来的危害。我们都曾经被嘱咐过,应该抹上防晒霜,但是对于另外一些人来说,那个建议更有意义。预测医学可以深入分析一个家长是否需要格外警惕孩子免遭日晒。

> 预测医学可以深入分析一个家长是否需要格外警惕孩子免遭日晒。

让人知道皮肤癌增加的风险对于那些在不知情时也许会使用晒黑床的青少年来说非常重要,这种活动也会增加皮肤癌的风险,这就好比是直接晒太阳一样。近40%的女孩和12%的男孩使用防晒机,即使这些机器现在被国际癌症研究机构归为第一组致癌物,这意味着它们与砷、石棉以及吸烟一样。告诉你的孩子关于他可能患皮肤癌的风险,也许这正是孩子们需要下决心持之以恒避免室内(室外)晒黑的原因。

肺癌

肺癌不仅是最普遍的,同时也是所有癌症中最致命的,每年全世界记录有将近150万的新案例和100多万的死亡案例。肺癌直接与吸烟、被动吸烟相关,但是同时它也有一个重要的遗传成分,而且过多的基因变体已经和一个人的日益增加的疾病风险相关联。然而，在这个案例中，遗传决定了仅仅8%的风险，因此环境因素极大地超过了遗传学因素。我们都知道，因为尼古丁上瘾的吸烟是和肺癌相联系的主要的非遗传因素，并且一个人是否有烟瘾的大约60%取决于我们的基因，40%是由非遗传因素决定的，比如一个人的父母是烟民。因此，遗传学最终在确定一个人患有肺癌风险方面起着一个非常重要的作用。

任何孩子或者成年人都听说过吸烟有害。然而仍有50%的高中学生曾抽烟，约20%的孩子现在仍然吸烟。2006年一项由CDC做的调查表明，十分之一的初中孩子在过去的30天内使用过烟草产品，而且近90%的成年烟民是在他们年轻的时候吸烟的。研究透露，如果一个人在他是儿童或者青少年的时候不抽烟，那么他或者以后就不会吸。根据这个信息，应该很明确的一点就是针对阻止癌症和吸烟的预防性措施应该主要放在孩子身上。

现在，我们可以说："根据你的遗传密码，因为你对尼古丁会有上瘾的风险，因此如果你开始吸烟，你也许就不会停止，而且吸烟会导致你的肺癌的发展"。而不是简单地告诉孩子吸烟对于他们有害。

这里突出的一点就是根据遗传信息而进行的早期介入会对你孩子长期的肺癌风险有最大的影响。如果我们能够成功地阻止孩子由于尼古丁上瘾而吸烟，我们就已经在与肺癌的斗争中取得了重大的进展。

> 确认有尼古丁上瘾风险的孩子们会帮助我们在孩子开始吸烟之前采取一些预防性措施。

与孩子相关的基因筛查组合

新生儿基因筛查组合
个人遗传识别码

血型

母乳喂养对于智商的影响（intelligence quotient, IQ）

乳糖不耐症

心脏功能紊乱（包括心律失常和其他可预防的猝死原因包括SIDS）

完整的药物基因组学概况（包括剂量、有效性，包括在儿童时期潜在的给新生儿的药物的不利反应）

低维生素D含量的多发性硬化症风险

伴随着头部外伤的老年痴呆症风险

接触辐射、日晒、被动吸烟以及特定的食物和饮料的癌症风险

广泛性发育障碍（包括自闭症、自闭症光谱紊乱、阿斯伯格症、莱特症）

凝血异常

幽门狭窄（胃功能异常）

新生儿糖尿病

罕见疾病筛查（包括被忽视的罕见病、代谢疾病和综合征）

儿童基因筛查组合

个人遗传识别码

血型

心脏功能紊乱（包括心律失常和其他可预防的猝死原因）

诵读困难

阅读能力

广泛性发育障碍（包括自闭症、自闭症光谱紊乱、阿斯伯格症、莱特症）

肥胖和消瘦

运动能力和某种体育运动倾向

基因年龄和运动方式的有效性

镰状细胞特征（镰状细胞疾病携带者）

低维生素D含量的多发性硬化症风险

乳腺癌

卵巢癌

皮肤癌（包括黑色素瘤和非黑色素瘤）

尼古丁上瘾

脑血管瘤

哮喘

过敏

完整的药物基因组学概况（包括剂量、有效性，包括在儿童时期潜在的给新生儿的药物的不利反应）

适当的镇静麻醉的要求

乳糖不耐症

由噪音导致的听力障碍

传染病的易感性和严重性（包括脑膜炎、游客腹泻、莱姆病、西尼罗河病毒、艾滋病毒、结核病以及胃流感）

味觉和食物喜好

凝血异常

视力（包括色盲、夜盲症、莱伯先天性黑蒙以及黄斑变性）

时钟型（是否一个孩子有在白天和晚上表现好的倾向）

嗜睡症

兴奋剂的认知影响

喝咖啡对睡眠的影响

如果您想查询更多的关于新生儿、孩子以及青少年的内容，请访问www.OutsmartYourGenes.com/Panels。

八

战胜DNA，保护心血管

错误认识: 心血管健康是关于正确的饮食和锻炼的内容。只要你严格按照规律做好上述两者,你的心脏和血管就会很健康。

事实: 有些时候,不管你对你自己的身体多么好,你的身体也会对你不好。很多人不管生活方式如何都会具有能够增加心血管疾病的基因变体。现在有很多预防性的措施,如果你在实施保护性措施之前就知道你具有哪个变体,那么降低心血管疾病就会更有效果。

调整生活节奏

心脏病与癌症紧密相连,仍然是全世界的头号杀手。因为这点,预测和预防心血管疾病是预测医学的一个里程碑。在美国,40～59岁的人群中有40%的人,60～79岁的人群中有70%的人及大约80%的80周岁以上的人至少会有心血管疾病。

事实上,很可能就在你阅读本页的同时,就有一个人已经死于心血管疾病。在美国,每37秒就有一个人死于一种影响心脏和循环系统的疾病,全球大约三分之一的人每年死于心血管疾病(每年大约1 750万的人)。即使美国人的寿命将近80岁,但是30%的死亡是由于在75岁之前发生的心血管疾病,这就意味着很多人由于心脏和血管的问题过早地死去。这种统计的经济后果是很庞大的,国家经济研究局指出,单就美国每年心血管病的总花销已经超过了1 100亿美元。

人们已经花费了大量的研究经费来开发能够治疗心脏疾病

的药物和方法,但是为了成功治疗一个疾病我们在发病前必须得知道它的存在。预测医学利用基因筛查的力量去识别在任何症状显现出来之前,人们患有心血管疾病或者甚至任何疾病的风险,这样根据基因定制的预防措施和治疗可以在疾病最有效率的时候实施。

长寿的遗传学

在遗传学领域,专业术语长寿指的是在理想状态下的寿命。长寿在家族中传递——长寿父母的孩子更有可能活得更长,而在众所周知的另外一些家族里,不幸的是,他们很年轻就死去了。

当我最初把遗传学融入我的医疗实践中去的时候,我认为长寿的遗传必须包括大量负责身体功能的基因。但是很快我就清楚了,长寿基因根本不涉及那么多基因。事实上,主要是影响心血管疾病的基因决定我们是否长寿。如果影响心脏的变体是有益的,那么你就会活得更长;如果它们是有害的,你就会早亡。对于影响身体的任何其他器官的变体来说并不是这样,只有那些影响你的心脏和血管的才直接与你的长寿相关联。

法国悖论
酒、红酒和白藜芦醇

法国悖论指的是这样一个事实:即使法式饮食包含了大量的饱和脂肪,但是法国人却没有高比例的心脏病,而心脏病通常与这种饮食相伴而生。事实上,在法国心脏病发生率要比美国和英国都低50%,即使所有的风险因素(包括血压、胆固醇水平、吸烟和肥胖)是一样的。这种悖论的答案在于巴黎大量的沿着香榭丽舍大街的迷人咖啡店:法式饮食也包括每日的一二杯红酒。

这是一个公认的医疗事实,适度的喝点啤酒和红酒可以保护心脏免遭疾病的伤害。关键词是适度,因为喝酒带来的好处是沿着J形的曲线来表现的:任何一边你达到的点越高,你的死亡危险就越大,你所在的点越低,你死亡的风险就越低。如果你每天把酒精摄入量控制在最多

每天饮酒量

1～2杯，你的健康也许会受益，但是如果你喝的超过了1～2杯，那么你一点不喝反而对你的健康更好些。

J图形的左边表示人们根本不喝酒，他们心脏病的死亡风险要比J图形最底端所代表的人们的概率多40%。J图形最底端的人是那些一天喝1～2杯酒类饮品的人。J图形的右边是那些每天喝超过2杯的人；他们心血管疾病的死亡风险上升显著，要比那些根本不喝酒的人的概率大得多。因此，饮酒应该适度——女性每天大约5盎司（约141.75克）的果酒或者12盎司（约340.2克）的啤酒，男性可以翻倍。

术语"法国悖论"首先是由雷诺提出的，他是法国国家健康与医疗研究学院的一名医学研究人员，他刚好生长在波尔多附近的一个葡萄园。如果适当饮用啤酒和其他类型的酒确实对健康有好处。法国悖论主要与红酒的好处相关，这与其他类型的酒不同，因为有一种物质叫作茶多酚，在葡萄皮里能发现该物质（注意：在开始发酵前，当制作白酒时皮会被去掉，而在红酒中它们在整个过程中都能被保存）。茶多酚对健康有很多好处：它们通过使血小板不再那么黏稠而使血液得到稀释；它们释放一种能够让心脏有效运转的化学物质；它们包含抗氧化剂能够帮助从坏胆固醇中提取出不良物质，减少血管中炎症的发生，提前保护心脏和大脑，这样如果伤害发生的话，它们就更耐伤。酒同时也包含了大量的其他活跃物质（包括黄酮），我们可以在很多水果、蔬菜和茶类中发现存有较低浓度的黄酮，这对于健康来说更有好处。

因为酒包含这些有益的物质，已经证明它不仅可以降低40%的心脏病风险，而且能够减少50%的肺癌和前列腺癌的风险。而且它也能降低黑色素瘤和其他癌症的风险。多酚类物质和黄酮类化合物是基于健康益处的范围来区分红酒和其他酒类的。这并不是说喝啤酒对健康没有好处，仅仅是喝红酒有更多的益处。

　　大多数白酒里没有茶多酚，被注入茶多酚的白酒似乎与红酒一样对健康有益处。但是因为大多数白酒缺乏茶多酚，红酒对于健康的益处似乎要比那些白酒更胜一筹。

　　多酚类物质的保护属性最受人关注，其中一个就是白藜芦醇，你也许听说过的名字，因为它作为一种可能的抗衰老补充剂得到了媒体的关注。红酒是白藜芦醇最丰富的自然来源之一。众所周知，如果发生了受伤的情况，那么它能够使得心脏和大脑更有耐性。

　　那么这一点和人的基因有何关系呢？研究已经发现了另外一种白藜芦醇对我们人体有益影响的方式，那就是通过使得SIRT1基因变成超过它正常水平1 000%的更加活跃的水平。本质上来说，它给SIRT1基因补充能量，这直接涉及抗衰老。SIRT1基因产生一种酶，它通过提高细胞治愈自己的能力以及拖延它自毁的时间来使细胞更加具有抗压性，这样，细胞就有更多的时间来修复自己和存活（而不是死亡）。

　　在关于动物的研究中，白藜芦醇已经被发现能够延长多达50%的寿命，而同时也能够保持动物的身心机能。它似乎能够保护动物免于老年痴呆症和卢加雷病的困扰，这样，它们不仅能够活得更长，而且思维敏锐，身体健康。

　　在红酒中发现的白藜芦醇的量已经被发现足够能产生这些影响。因为这点，似乎红酒能够直接作用于DNA，而且能够给我们的抗衰老基因补充能量！

　　由于有了这些发现，出现了大量的提供白藜芦醇的公司，从葡萄皮中提取，做成药丸的形式。在你焦急地去药店购买白藜芦醇药丸之前，不管怎样，你应该理解在动物研究中的发现也许不能一定转化给人类。就像很多制药公司在过去发现的那样，在动物实验中疗效正常的药物治疗在人类中不一定能正常运转。这并不意味着白藜芦醇不会在人体内发挥作用，它只是意味着，在推荐使用这类补充药物之前，我们需要一些严格的在人类身上的研究。同时，我们已经知道，适度的饮红酒确实对于健康有益处。而且如果红酒不是您的选择，那么红葡萄汁也是一种具有高浓度白藜芦醇的物质。

了解一个脆弱的基因

APOE基因是和寿命有关的研究最多的基因之一。APOE基因在人的身体如何处理胆固醇方面起着一个重要的作用，而且这种基因中的变体与过早死亡的风险有关。其中一项研究发现，有害变体中有一个存在于约20% 18～63岁的研究人群，11%的64～109岁的人群，这个变体显示那些具有有害变体的人一旦到了60岁的时候就会有一个更高的死亡风险。

因为这个原因，一些遗传学家倾向于把APOE叫作"一个脆弱的基因"而不是长寿基因。与下降的寿命相关的脆弱性发生，是因为变体阻断了基因的正常功能，结果，胆固醇无法被人的机体适当分解。因此，有这种变体的人具有很高的风险发生胆固醇堵塞动脉，即冠状动脉疾病（CAD）。因为动脉给心脏肌肉提供血液，如果有堵塞发生，血液就不能供养心脏，心脏病就会随之而来。

由有害APOE变体造成的死亡高风险会在大约40岁的时候显现出来（这时人有轻微的风险），而且很快会恶化直到超过60岁。与大多数人群相比，这类患者的死亡风险会高达300%。关于预测医学，这是非常有用的信息，因为我们知道，如果一个人具有这个变体的话会发生什么（动脉阻塞），而且我们也知道什么时候损害将会发生（在40岁后）。

知道这点，我们可以通过在30～35岁时开始每年进行的血液测试来进行一些预防性的措施，为的是能够核查胆固醇的水平和发炎的指标。我们也可以给患者施加降低胆固醇的药物治疗，而且我们能够进行筛查检测以确保心脏周围的动脉畅通。仅知道你有心脏病的高风险也许就是你需要的那个动力——你要定期看医生并让他确保他在一年内没有看到你就联系你。

一些医生认为，当胆固醇水平正常的时候就开始用斯达汀类药物来降低胆固醇（比如立普妥、HMG辅酶A还原酶抑制剂和瑞舒伐斯达汀）或许也没必要。但是一些出色的研究已经表明，在疾病发生前的预防治疗有很多益处。例如，哈佛医学院布里格姆和妇科医院心血管疾病预防中心的主任调查了近1.8万人，得出降低胆固醇的斯达汀类药物，对预防心脏病、中风以及死亡的有效性。这个研究发现，胆固醇水平正常，没有其他心血管疾病，但有高水平的CRP（一种表明在体内某处有炎症的生物标志物）的人们，在开始用斯达汀类药物时明显降低了疾病和死亡风险。那些服用了药物的人心脏病的风险降低54%，中风的风险降低48%，住院的风险低于53%，由心血管疾病导致的死亡风险低于47%，

> 即使你胆固醇水平正常，那么开始降低胆固醇的药物治疗也许会降低心脏病和死亡的风险。

由任何原因引起的死亡风险降低20%。

这项研究的名称叫作"斯达汀类药物预防使用的理由：评估瑞舒伐斯达汀的干预试验"。事实上，这个研究做了这个——证明了通过发病前干预来预防心血管疾病和死亡的合理性，而不是等到一种疾病有明显迹象的时候才采取措施，应该积极地对甚至低风险的人群提供药物治疗方案。

另一个研究调查了处方斯达汀类药物对于具有有害APOE变体的人的直接行为，该研究发现斯达汀类药物成功地降低70%的死亡风险。这项研究例证了预测医学的力量，通过一个常见的药物治疗，一个已知的和死亡高风险有关的变体可以很轻易地被攻克。

预测的协同作用
基因筛查和生物标志物

一个生物标志物是一个在人体内的物质，它可以在首次症状出现的几天、几周或者几个月前被用来侦测疾病。就像早先讨论的那样，生物标志物CRP的高水平表明了在身体内有炎症，它与冠状动脉疾病和心脏病风险直接相关。大多数疾病在我们意识到它们之前就存在了很长的时间，在这段时间内与疾病发作相关的一些变化正在我们体内发生。很多人对于如何理解这些生物标志物做了大量的研究以便预测潜在的疾病出现，因此，使得我们能够在疾病形成气候之前就实施治疗。

这似乎与基因筛查非常相似，而且尽管它是个性化医疗的非常重要的一部分，但是它有很多重要的不同之处。最突出的就是，生物标志物表明了疾病的存在，但是它们在疾病产生之前不能预测或者侦测疾病。

另外一个重要的不同点就是，DNA是我们生命最重要的密码，但是生物标志物却不是。很多生物标志物是由基因产生的蛋白质，因此，生物标志物就像我们体内的所有其他物质一样，依据我们的基因结构而变化。

例如，在CRP基因中的变体能够改变它生产蛋白质的能力，导致人们具有比普通水平或高或低的CRP水平。因此，如果不考虑遗传学来分析生物标志物水平的话，我们就会做出错误的假设。如果你有一种能够减低CRP水平的变体，而且你也有可能患有冠状动脉疾病，你的CRP水平可能会比它们平常在有疾病的人体内的正常水平要低30%，那么表明即使当你有这种情况时也不会有冠状动脉疾病。

另外，有很多其他能够导致CRP水平比正常时候高的变体，因此即使你体内没有潜在的疾病，那么对于CRP生物标志物测试的结果也会错误地表明你有那种疾病。不管怎样，一旦你要意识到你的DNA包含了CRP基因中的变体，决定你是否有一种疾病的临界值可以被调整来建立一种所谓的遗传学校准生物标志物。这不仅仅可以用于CRP，也可以用在大范围的生物标志物当中。

我认为预测医学能够与遗传学的校准生物标志物一起运用遗传学来显著提高我们预测疾病风险的能力，之后监测那种疾病，这样，如果它显现出来，我们就会检测到它，然后尽早地实施干预。

利用预测医学避免猝死

心脏使用一个电脉冲来协调它的节奏。就像其他电子系统那样，它有一个电机（自然起搏器），可以产生脉冲，脉冲迅速传遍心脏并告诉肌肉收缩。当它收缩的时候，心脏把血液泵到全身。因此，心脏的电脉冲主要负责生命的节奏。简单地说，没有它我们就会死掉。

人体的电子传导系统如何工作是由我们的基因主宰的。而且在特殊基因中的变体能够使得一个人的电子传导有一时失误的倾向。如果电流韵律停止哪怕是一毫秒，这就可以导致节奏的规律混乱，并且很快会恶化成混乱的节奏，也就不能有效地泵血。当这种情况发生时，人的生命也就快要结束了。因此，与我们心脏电子系统相关的基因中的变体让人会有猝死的风险。知道一个人携带了其中的一个变体可以挽救生命，因为我们可以用很多种介入办法来预防电子系统失灵。没有那种预知，不管怎样，我们都没有第二种机会。预防猝死的唯一方法就是在它发生之前介入。

医学期刊和流行媒体都大量报道儿童与成人突然和意外的死亡，这是因为异常影响了他们的心脏，而且检测出来又太迟了。在文献中描述的众多案例中有这样一个例子，一个9岁的小女孩在游泳的时候突然死亡，一个14岁的小女孩在打电话的时候突然死亡，一个17岁的小男孩在踢足球的时候死亡，还有一个50岁的男子在睡梦中死去。在几乎所有的例子中，这些猝死的牺牲者们被认为身体健康，而且没有疾病。他们的死似乎都是意想不到的。但是事实上他们基因密码中都携带了没有被检测出来的变体，这很容易导致他们猝死。

心脏节奏跳动的异常（我们管它叫作心律失常）是美国每年超过45万人猝死的主要原因。因为体力消耗对于那些有心律失常倾向的人来说会是威胁他们心脏异常跳动的主要诱因，运动员尤其危险。每隔一段时间你就会听到一个不幸的消息，一个运动员在进行运动或者练习的时候突然虚脱然后死亡，并且这些人中有40%是因为这个人有一个没有被侦测到的、隐秘的叫作肥厚型心肌病（hypertrophic cardiomyopathy, HCM）的疾病。有超过10种基因与HCM有关系，它所携带的就是这些基因中仅一个基因的一个变体，就引起了心脏壁变厚，接着便引起电流脉冲传导的不稳定性，特别是当在身体运动的时候心脏跳动加快，从而导致心律失常和猝死。大约五百分之一的人具有HCM，这意味着它总是频繁地经常发生以至于不被看作是一种罕见的疾病。

另外一种经常未被侦测到的，同时又能导致猝死的，特别是在运动员中发生的紊乱被称作心律失常性心室发育不良（arrhythmogenic right ventricular dysplasia, ARVD）。与ARVD相关的有超过7种基因，当中的任何一个变体也许都会引起这种疾病。这些变体中断了心脏细胞间连接的正常桥梁，这可以影响经由心脏的电流脉冲传导的准确性。在美国，ARVD是35岁以下猝死案例的主要原因，约占20%，而且这些人中有60%没有这种家族病史。

在意大利，目前正在为运动员做能够导致猝死的疾病筛查，运动员中猝死的概率已经下降了90%。无论这个人是不是运动员，任何携带这些引起心律失常变体中一个变体的人都有猝死风险，所以预测医学能够对所有的运动员和非运动员猝死的遗传原因做筛查。

除了由于身体训练引发的原因之外，其他的和特定基因变体相关的心律失常与一些诱发性因素有关，包括常见药物治疗。没有这些诱发因素，心律失常是不可能的，但是当一个有心律失常倾向的人和其中的一个因素相结合，那么心律失常的概率就会上涨。

> 预测医学能够识别引起致命心律失常和导致猝死的基因变体。

哈佛医疗学院的研究者们对于SCN5A基因以及它与心律失常的关系做了一个深入的研究。SCN5A基因涉及产生电信号，脉冲传遍整个心脏，让它有节奏地跳动。研究者们已经确认了100个导致SCN5A基因功能紊乱的不同变体，虽然大部分这种变体是罕见的,特别是有一个变体发生在八分之一的非洲裔美国人中和五分之一的从西非和加勒比地区来的黑人中。同时也能在高加索人、亚洲人、西班牙人和其他的人群中发现,但是目前在黑人中是最常见的。哈佛研究发现,仅一套这种也许存在于450多万的非洲裔美国人中的变体,就能使一个人心律失常的风险增加800%,如果他接触或者具有非遗传诱发性因素:特殊药物、

> 当一个有基因变体的人接触那些非遗传诱发因素的时候就会有很多威胁生命的心律失常现象发生。

营养不当、肾脏或者肝脏疾病、睡眠呼吸暂停以及任何可以引起身体内钾含量波动的事件,比如呕吐、腹泻和手术。同样的变体似乎能够极大增加婴儿死于SIDS的风险,但是,主要还是当婴儿接触诱发性因素的时候。

发现这种变体主要有两种原因。首先因为它和以前的研究一致而且有可能部分做出一些解释,表明在黑人中与心律失常相关的猝死是一个很高的比率,第二因为能够侦测变体,这样可以允许制定一些预防性措施来避免猝死。该项研究的作者做了很完美的总结:"治疗的关键是预防"。除此之外,预防性措施将会包括周期监测心脏病、可能服用β-受体阻滞剂以及关于避免特定的诱发性因素的教育。

用预测医学保护你的动脉

动脉是一个通道,通过它富含氧的血液从心脏流向身体的其他器官。一些动脉的血液循环滋养心脏肌肉。如果一个滋养心脏肌肉的动脉发生阻塞,那么就会有心脏病而且部分心脏将会死掉。如果阻塞发生在滋养大脑的动脉中,人就会患中风而且大脑的一部分将会死掉。高胆固醇含量将会导致阻塞、心脏病、中风,所有这些都是由于非遗传因素(我们吃的东西,我们是否吸烟,我们如何训练)和基因变体之间的相互作用引起的。全世界约40%与疾病相关的心血管死亡例子都是由于心脏病引起的,大多数是由我们动脉中胆固醇的增多引起的。成百上千的基因变体与高胆固醇含量有关。很多研究结果已经证明在染色体9的9p21区域常见的、正在发生的变体与冠状动脉疾病有关,当给心脏提供血液的动脉中的胆固醇增多时就是这个疾病发生的时候。大约四分之一的人有两套这种变体,这种CAD以及心脏病的风险将会在55岁以下的人中出现,这种概率将会超过75%。

那么"在9p21区域"是什么意思呢?这是一个对于染色体9的特定区域的

遗传学术语,而且当基因中没有变体时能普遍的使用。这个可以发生因为基因不是背靠背的存在,而且经常在一个基因和另外一个之间有扩大的区域。因为这些区域的功能还不为人知,因此,很长时间以来被称作"垃圾DNA"。但是,正如最后证明的那样,这些区域中的DNA远不是垃圾,这一点能够从我们正在讨论的9p21区域变体中看到。

> 把遗传信息与用于预测心脏病风险的传统惯用方法结合起来能够显著提高预测的准确性。

因为CAD和心脏病引起了这么多的死亡,医生们通常使用标准的惯用方法,将会考虑到这些疾病的多种风险因素,以及提供一个等同于风险评估的单一的数值。而当大量的风险因素——比如年龄、体重指数、血压、胆固醇含量以及是否吸烟等都被考虑在内,大部分基因变体都不是因为它们。不管怎样,一项把基因变体融入其中一个最常使用的心脏病风险惯用方法的研究发现,根据仅仅是单一的在9p21中的基因变体,超过八分之一的人被很快重新划分成较高或者较低风险类别。这就意味着,遗传信息不仅有用,而且对于正确评估一个人的心脏疾病的风险也是很有必要的。

牙医也许会是你心脏的最好朋友

医疗文献包含很多有趣的关联,比如说牙周病和心脏病之间奇特的联系。牙周病是围绕在牙齿周围并且支撑牙齿的牙龈发炎。不及时治疗可以导致颚骨的毁坏和牙齿的失去。当一个人的免疫系统开始主动攻击牙齿周围的细菌以及开始对准牙床的时候,确实这种自动免疫的疾病就会发生。美国约三分之一的人在一生的某个时间会忍受着牙周病的困扰,十分之一的人比较严重。

大量的研究表明,患有牙周病的人在冠状动脉方面、心脏病以及中风的风险很高。似乎两者的严重性紧密相关以至于那些牙周病比较严重的人们同时也患有严重的心脏病。更重要的是,研究已经表明,如果你正确的治疗牙周病,就能切实提高心脏和大脑中动脉的功能,减少胆固醇含量以及降低心血管疾病的风险。

关于这个联系的其中一个假设就是,与牙周病相关的炎症对于整个身体有深远的影响,能够导致血小板粘连以及血管中斑块的形成。事实上，人们牙齿中的细菌已经在附着于自身冠状动脉的斑块中。

　　牙周病的风险如同心脏病的风险一样，是由遗传和非遗传因素共同决定的。研究者们发现，在9p21区域中发现的一个变体增加了心脏病和牙周病的风险。如果一个人的基因构成包括两套这种变体，那么两种疾病的风险就会增加75%。

　　由于它们来源相同，牙周病和心血管疾病具有同样的可改变的风险因素，这一点并不奇怪，包括吸烟、糖尿病和肥胖症。现在似乎心血管疾病有一个新的可改变的风险因素——牙齿健康。如果你认真坚持日常的口腔卫生，比如用软毛牙刷一天刷两次牙，而且使用防腐剂漱口水，你患牙周病的风险就会降低。定期去看牙医检查牙齿也是很重要的，因为保护牙齿免于牙周病的困扰也可以降低心血管疾病的风险。你的牙医也许就是你心脏最好的朋友。

　　在很多基因中有大量的变体，这些变体能够增加人体血管中血栓的形成，当血栓在腿部静脉中发生时，就叫作下肢深静脉血栓形成（DVT）。DVT可以是致命的，因为虽然它们在腿部静脉中产生，但也有可能扩散到肺部，那可以导致猝死。当诸如吸烟、肥胖症、久坐或者吃那些含有雌激素的药物（比如口服避孕药和激素替代疗法）等，这些生活方式因素与这些变体结合在一起时，就会发生增加有害血栓风险的协同作用。

　　如果知道你具有变体，完全可以通过改变生活方式比如停止吸烟、减肥、加强身体锻炼、避免服用含有雌激素的药物等来降低血栓和心脏病的风险。而且可以利用一些无痛的设备反推你的外腿来保持血液流通和避免血栓形成。

　　这些措施也许能够帮助预防大卫·布鲁姆死亡病，这个年轻的看上去健康的NBC记者，当他在2003年报道首次在伊拉克发生的战争的时候，他因腿部的血栓游离到了肺部而突然死亡。在他死后，对于他的基因测试表明他携带了一个能够增加血栓风险的变体。虽然这种具体的基因变体与威胁生命的血栓没有关系，但是大家都知道，当另外一个诱发性的因素被涉及的时候，比如长期不活动这样一个因素，就容易导致死亡。造成布鲁姆死亡的原因，可能是一个由他的基因易感性、他坐飞机长时间的飞行、他在军事坦克里面坐在一个拥挤的位置且用膝盖长时间对着下巴等构成的综合因素。

如果他已经意识到这些因素，不仅能够未雨绸缪（比如不会长时间地坐在一个拥挤的坦克里面），同时也可以机警地对与下肢深静脉血栓形成相关的关键症状采取行动——在他死前几天一直在抱怨他的腿抽筋。

减少中风的风险以及避免残疾

当血液流向大脑的时候遇到阻碍，那么中风就会发生，从而让脑细胞缺氧，最终导致它们死亡。大多数中风是由于动脉中的胆固醇增加引起的，类似心脏病发作，当血管变得脆弱或者血液自身变得过稀而且从血管里进出进入大脑的时候，一些中风就会发生。

在美国，中风是导致死亡的第三个主要原因，是导致长期残疾的最主要原因；75%的中风死者会忍受某种形式的残疾。大约每6人中就有1个人在一生中会患有中风。中风也给我们的经济带来严重的后果，使得美国每年花费超过650亿美元。通过预测和预防，人们可以降低患有中风的风险。

本章的前半部分，我们讨论了APOE基因与心脏病的关系，但是因为它主要负责我们如何分解胆固醇，所以，相同的变体也是中风风险的主要原因。而且那个神秘的与CAD、心脏病甚至牙周炎相联系的9p21区域也与显著增加的中风风险有关。我们已经讨论了与猝死相关的心律失常问题，但是，一些心律失常并非直接威胁生命而是通过增加中风概率带来严重伤害。事实上，中风的最主要风险因素之一就是一种叫作房颤的心脏心律失常（通常叫作a-fib）。

房颤是所有心律失常中最常见的，影响了约2%的55岁以上的人和近10%的80岁以上的人。这种疾病是以心脏跳动节奏的异常为特点，它能阻止血液有效地泵出。因此，血液在心室内部周围聚集和停留的时间比正常应该的时间长。这种聚集可以导致血栓的形成，然后血栓可以被从心脏中泵出传遍全身。如果其中的一个血栓阻挡了通往大脑的路而且在血管中停留就能导致中风。虽然一些人有显著的症状，比如心悸或者心脏跳动加快，但是大部分时间人们不知道自己有房颤的现象。虽然在它发生的时候会在例行的身体检查中能够被检测到，但是一个人是否发生房颤却很可能在进行身体检查时未发生，因而无法检测。

尽管房颤可以由高血压和其他影响心脏的情况引起，但是其中一个很明显的原因是影响PITX2基因的变体，它需要确保心脏电流脉冲正确地进行。一项研究表

> 房颤倾向是最常见的中风原因之一，可以通过基因筛查来预测。

明，这些相同的变体都和增加的中风风险有关。但是有一项研究发现，很多具有一个或更多这种变体，而且患有中风的大多数人之前并没有被诊断出患有房颤。因此，识别具有这些变体的人能够提醒人们和医生关注之前未被诊断出的房颤。因为具有房颤现象的人中约有35%的中风的风险，约20%的中风是由于房颤引起的，尽可能准时地诊断和治疗心律失常能在一定程度上减少中风的风险。人患有中风风险的治疗办法包括药物和介入治疗，以阻止房颤和血栓的形成。

性别基因和甘油三酯

信不信由你，一些基因变体根据性别的不同而有所不同。在遗传学领域我们把这些基因礼貌性地称作性别依赖。

2007年，加利福尼亚大学洛杉矶医学院的研究者们发表了一项研究，使人们清楚了解到了USF1基因中的性别基因变体，它参与了脂质和甘油三酯的代谢。甘油三酯是脂肪的一种，与胆固醇类似。高浓度的甘油三酯就像高浓度的胆固醇一样，与动脉堵塞直接相关。该研究发现了这种基因中特定的变体是与男性中存在的甘油三酯含量有关，而没有变体的情况是与女性中存在的高浓度甘油三酯有关。这点看上去也许很奇怪，但是这个发现确实被其他一些研究佐证。

尽管其他一些医疗研究已经指出了在男性和女性中发生冠状动脉疾病和心脏疾病的明显区别，但是这项研究却是第一个观察由于单一基因变体引起的这样一个性别依赖差异的研究。这个变体的性别依赖的本质原因仍然不得而知，但是有一种假设把它与男性和女性不同的荷尔蒙水平联系起来。

避免脑动脉瘤

脑动脉瘤是整个大脑中血管壁的一种弱化，由于流经血管的血液的压力或者引起血管异常扩张或膨胀。每50个人中就会有1个人受到脑动脉瘤的影响，这种病非常危险因为它有可能破裂，当这种情况发生时，一个人就会患有严重的中风，通常它会造成严重的残疾和死亡。能明显增加脑动脉瘤风险的因素是高血压、滋养大脑动脉中胆固醇的增加、头部外伤和遗传。

2008年，耶鲁大学的研究者们发表了一项研究，明确了很多与脑动脉瘤高风险相关的基因变体。他们发现，在一个人基因构成中3个不同位置发现的大量变体极易增加中风的风险，而且在造成一个人脑动脉瘤整体基因风险中占40%的因素。了解这些变体将会明显减少由脑动脉瘤导致的中风、残疾、死亡。

包括9p21区域中的一些变体，这些变体最有可能引起基因功能紊乱，而这些基因似乎不仅参与血管壁的正常构成而且还参与血管壁的维护和修复。当这些基因不能正常工作时，血管很脆弱，而且在它遇到损害时不能修复自己。当一个诱发性的因素，比如很多年的高血压、吸烟或者是头部外伤出现时，已经很脆弱的血管壁就感受到了较大压力，这会导致脑动脉瘤的形成。

> 一旦动脉瘤有所迹象，大量的预防措施可用来降低脑动脉瘤及严重残疾和死亡的风险。

幸运的是，有很多预防性措施可以用来减少脑动脉瘤发生的风险，并在脑动脉瘤发生的时候允许早期的介入治疗。例如，如果这个人是吸烟者，知道他有增加患有脑动脉瘤风险的可能，将会提醒他的医生在监测和控制血压方面更加主动，医生可以采取措施来帮助这个人戒烟。此外，如果家长们知道他们的孩子具有这些变体，当孩子在骑车或者滑旱冰时，会引导孩子避免身体接触型的运动项目以及戴保护型的头盔。这样做的关键就是让人们具备观察自身基因构成的眼光，这会在疾病来临之前很多年或者几十年做出明智的决定。

避免心脏衰竭

当心脏不再为全身有效泵血的时候，心脏衰竭就会发生。大多数时候心脏衰竭是另外一种疾病的结果（比如心脏病），它能削弱心脏的功能。因为心脏衰竭是很多不同的与心血管相关的疾病的最终结果，在美国，心血管疾病相当普遍，约八分之一的死亡是由心脏衰竭引起的。

很多基因变体与增加的心脏衰竭风险有关，通常因为变体引起对于心脏异常的压力，经过几年，这会引起心脏这个血泵提前磨损。研究表明，在美国心脏衰竭的概率比较大，而且发病都集中在非洲裔美国人群中，虽然这种原因还不得而知。非洲裔美国人在45～64岁具有心脏衰竭的风险在50%～70%，在40岁的时候100个人里面就有1个会得这种病，这是普通人群患病率的20倍。遗传学知道这个神秘事件的答案。

2002年发表在《新英格兰医学杂志》上的一份研究,调查了在ADRA2C和ADRB1基因中的变体与心脏衰竭的关系,然后发现在两种基因中具有变体的人患有心脏衰竭的风险高达500%。该研究同时也发现了这些变体的发生频率在非洲裔美国人中要比在其他血统中的比率高得多;因此,这就是为什么心脏衰竭在非洲裔美国人中发生的频率高的其中一个原因。

ADRA2与ADRB1基因主要负责调节去甲肾上腺素的荷尔蒙的量,它和肾上腺素类似。当一个人的这两种基因中都有变体的时候,心脏就会过多地接触这种荷尔蒙,而且还会频繁地剧烈跳动。很多年之后,这就容易导致心脏压力过大以及超负荷运转,最终使心脏受损然后失去泵血功能,从而导致心脏衰竭。

> 大量的基因变体可以导致心脏肌肉超负荷运转,直到它不再有效泵血。

这个发现对于识别和预防心脏衰竭有直接的含义,因为药物治疗,比如说β-受体阻滞剂能够复原这些变体的影响。如果在心脏衰竭发生之前就给予药物治疗,就能够阻止疾病的产生,从而避免心脏衰竭。为了支持这个理论,一个随访研究发现β-受体阻滞剂确实能够给那些两种基因都发生变体的人们提供明显的保护性益处。

尽管我们还需要额外的研究来确认这个结果,但这种药物疗法似乎可以用来有效地了解有害变体从而避免心脏病。

基因蝴蝶效应
约6 500多万人携带有心脏衰竭基因变体

我一直很惊讶的是,我们的遗传密码是如何有效地组织在一起的,也惊讶于如果这个密码中有一点点紊乱就会影响一个人的健康。一个人的全部基因构成的6亿个碱基中有1个发生变化(代表了全部变化中的0.000 000 017%)就可以导致几百万人患有最有害的疾病,比如心脏衰竭。这么小的量如何在这么多人中引起这么严重的疾病呢?答案就是我在这里指出的基因蝴蝶效应。

蝴蝶效应这个术语是由美国数学家、气象学家、麻省理工学院教授爱德华·洛伦茨创造的,他在1972年有一个演讲,标题是"可预见性:一只蝴蝶在巴西扇动翅膀引起得克萨斯州的一股龙卷风?"这个前提例证了混沌理论的观点,这个理论指的是敏感的依赖初始条件,该前提就是在初始条件下的很多细微变化,比如巴西一只蝴蝶翅膀的扇动,可以最终产生更大的效应,比如说得克萨斯州的一股龙卷风。虽然第一个事件似乎无关紧要而且两个事件看起来没有多大关系,但是它们确实是有联系的。

基因蝴蝶效应解释了为何在基因构成中一个单一的、看上去无关紧要的、我们出生就携带的变体在50年后能够导致威胁生命的疾病(比如心脏衰竭),而且那个单一的变体如何在整个大洲成了主要的死亡原因。心脏衰竭的发生率在美国很高。在南亚,心脏衰竭往往影响45岁左右的壮年人。预计到2030年,心脏衰竭将会导致南亚将近1 800万人/年的生产力损失,美国的损失会达到约180万人/年。如果我们能够攻克心脏衰竭,那些在中年患这种疾病的人们能够平安地生活、工作而且还能再创造几年财富。

2009年,在MYBPC3基因中的变体被确认与大幅度增加的心脏病和心脏衰竭相关,全世界每100个人中有1个人的身体内发现有这个单一的变体,而在南亚的25个人中就有1个人身体里发现有这个变体,这意味着它存在于超过6 500万人的基因构成中。如果没有诱发性的因素(比如高血压或者冠状动脉疾病),这个变体使得心脏病的风险增加500%。如果这些因素中的任意一个存在,风险就会增加更多。一项研究发现,一个人如果具有一套这种变体,那么就相当于在他的一生中会有90%的心脏病概率。如果诱发性因素也存在或者一个人的基因构成不是一套而是两套变体,心脏病可能会提早在一个人20岁的时候发生,而且猝死的风险也大大增加。

MYBPC3基因能生产一种蛋白,它对于维持心脏肌肉细胞的结构完整性是必需的。这种变体能够引起基因产生异常的、畸形的蛋白,它扰乱了在心脏肌肉细胞内其他蛋白的排列,导致结构完整性下降。这个细胞不能有效地分解这种异常的蛋白,这样,过了几十年,因为破坏性的蛋白在整个心脏聚集,问题复杂,最终导致心脏衰竭和死亡。

这种变体的基因蝴蝶效应的第一次翅膀扇动发生在3万年前,那个时候它在印度一个远古的祖先那里天然地出现。当时,人的平均寿命不够长,变体也就没有时间产生对身体的任何明显作用,因此,表面上健康的父母把这个变体传给后代，然后他们常常死于其他的疾病。过了成百上千年，这个变体传遍了整个东南亚。就这样，那个蝴蝶翅膀的一次扇动到现在已经演变为超过6 500万人要承受它的恶果。

看到基因蝴蝶效应在发作，为预测医学如何给个人和整个人类造福提供了一个清晰的案例。通过与东南亚国家的一些政府和慈善组织合作，我们可以使用我们目前了解到的关于MYBPC3变体的信息来鼓励对整个人群的筛查，并为那些已经发现具有这一变体的人们提供预防性的服务。我们现在可以干扰基因蝴蝶效应，减少人们不再注定患有疾病和注定死亡的现象。

警惕无声杀手：高血压

高血压，通常也叫作高压，顾名思义，是一种血管压力长期升高，从而引起各种器官损伤的状况。它非常普遍，现在影响了全世界超过1亿人，在接下来的15年中会增加60%。在美国，这相当于成年人的三分之一，在欧洲、亚洲和非洲比率更高。在超过65%的具有这种病的人中，高血压是无法控制的，他们的血压会经常保持在一个高水平。

高血压通常被叫作无声杀手，因为它没有多少症状，很多人直到许多年后高血压引起了不同器官尤其是心脏和大脑的伤害，才知道自己患有高血压。因为这个原因，高血压导致了心脏病、心脏衰竭、中风和脑血管瘤的发生风险。

虽然一些罕见形式的高血压（一般来说是指那些阻止肾脏从体内正常消除盐分的紊乱）主要是由一个单一的基因变体引起的，但大多数人是由于很多不同的遗传和非遗传因素而患有高血压的。增加高血压风险的非遗传因素包括肥胖、久坐不动的生活方式、酒精摄入、钠的消耗甚至是维生素D的缺失。血压可以由于生活方式的改变而明显改变，这意味着，它是一个在基因层面上可预测并通过生活方式选择又能防止的良性病。

基因筛查也是一种通过提醒人们基因上有患疾病的倾向而对这个无声杀手拉响警报的方法，它提醒人们一年至少到健康保健机构做一次血压检测，而且甚至可以家里买一个血压计。这种增加的监测将会帮助侦测出之前无声的高血压，以实施及时的介入和治疗。已被发现的与高血压相关的变体存在于AGT基因中，它不仅能够支配血管的收缩，也能够调整血液中钠的含量。当这些变体引起基因功能异常时，该基因就变得过度活跃，会导致血管收缩增加、血液中钠含量升高，两者都能够导致高血压。具有这种变体的妇女在孕期患有高血压的风险也会增加。

> 基因筛查也许会确认高血压的原因，就会具体针对这个原因而实施治疗。

盐，这种当今在我们的饮食中非常常见的物质，在几万年前却是一种罕见的和备受珍惜的资源。当盐变得短缺的时候，人们就会有电解质失衡的风险，它就会很明显地导致疾病甚至死亡。研究者们已经提出，在人类进化中参与到钠潴留的基因中的变体，比如AGT基因，可能提供一个进化优势，因为它们能够使人们存有更多的盐分，这种假设被这样事实所证实：很多种这些基因在全世界都非常普遍，表明在某些时候已经赋予生存优势。但是，现在，由于大多数人们吃过多的盐，这些同样的钠潴留变体却会导致高血压。

作为一个参照系，美国成年人平均每天消费3.5克的钠，大多数保健机构推荐每天不超过2.5克以及患有高血压的人不超过1.5克。致力于AGT基因变体的研究发现，对于那些具有这些变体的人，减少钠的摄入可以有效降低血压，减少冠状动脉疾病和中风的风险。对于那些没有这些变体的人们来说，不管怎样，减少钠的摄入不会显著减少高血压的风险。这一点符合医学信条所说，有时高血压对盐敏感，但有时却不是这样。

由国家保健机构推动的阻止高血压饮食方法（被称作DASH饮食）是为了降低高血压。饮食主要的成分在钠和脂肪方面都有减少，而且在水果和蔬菜中有不断地增加。一项探讨这种饮食的研究发现，这种方法在减少具有AGT变体的人们的高血压方面是很有效的。对于非洲裔的美国人来说，他们的反应比别的人群要好一点，这也许是因为一些AGT变体在非洲裔美国人体内发现的要比在别的少数族裔体内的频率更高，这一事实我们已经知道有一段时间了。

> DASH饮食在治疗由特定变体引起的高血压方面是成功的。

根据基因定制的预防措施

正如我们刚才所看到的AGT变体和高血压情况那样，不仅疾病和病因而且还有最可能对某个特定个体起作用的预防干预，都至少部分上受到遗传学的控制。预测医学考虑到这一点,因此,许多推荐的预防措施都可以是针对每个人的基因结构的。

针对心血管健康的基因个性化生活方式

很多医生对他们的患者提供建议以改变生活方式方面并不抱多大希望,因为医生认为这些建议对于疾病预防和治疗作用不大。因此,很多医生宁愿放弃给出生活方式方面的建议,而是马上开始药物治疗。研究表明,不管怎样,关于生活方式变化的建议(比如改变一个人的饮食)确实有一些有益的影响。我认为,问题主要是大多数建议对于很多患者来说没有个性化的意义,因此没有作用。克服这个问题的一个方法就是,这些建议可以根据人们的遗传密码而量身定制。

除了发现引起高血压的低钠含量饮食和AGT变体之间的关系以外,越来越多的其他相互作用已经被发现。例如,初步研究已经确认了一些增加人们中风风险的基因中变体——比如吸烟。

对心血管系统的压力有不利影响的程度似乎由我们的基因决定。就像杰瑞·赛因费尔德强调的大多数人对公开演讲感到有压力时说:"在葬礼上的一般人宁愿待在棺材里也不愿去念颂词"。探讨ADRB1基因中变体的一项研究(我们讨论过的与心脏衰竭相关的同样的基因)要求患有冠状动脉疾病的人公开讲话,然后测量进入演讲者心脏的氧气量。

研究发现,当具有ADRB1基因变体的人们受到压力的时候,比如说不得不公开讲话,流向心脏的血流会明显减少,意味着有这些变体的人当接触那些能感到压力的环境时会有一个更高的心脏病的概率。因此,对于减少压力的预防性建议,比如避免有压力的环境以及练习瑜伽,就可以根据个人的基因结构而量身定制。

根据基因制定的药物治疗

19世纪最精明的医生之一奥利弗温德尔·霍尔姆斯,曾由于大多数药物的无效而感到沮丧。当他讨论这个主题的时候,他做了一个很有名的评论:如果所有的药物"可以沉到海底,这将对人类更好——但对于鱼类来说比较糟糕!"

制药产业自从19世纪以来已经走过了很长的路,针对大量的之前无法治疗的疾病诞生了很多拯救生命的疫苗和治疗方法。不管怎样,药物治疗仅对于60%的人有效果。更糟糕的是,在美国,人们对于药物的不良反应导致每年超过10万个死亡案例的发生。这些令人不安的现实主要是由于我们个体中基因构成的不同。就心脏疾病来说,只有一种全世界处方最多的药物——斯达汀类药物,而没有别的药物能更好地例证这一点。

斯达汀类药物被广泛地用来降低胆固醇的含量,但对于一些人来说(特别是那些在SLCO1B1基因中有变体的人来说)它们不仅是没有效果,而且还会引起诸如肌肉疼痛这样的不良反应。SLCO1B1基因对于调节一种药物进入血液中的量来说非常重要。这种基因中的变体似乎改变了它的作用,引起了更多的药物在血液里流通,这会使身体接触更高剂量而且会增加不良反应的风险。一项研究发现,这种基因中的变体在15%的人中发生,而且使最常见的对于斯达汀类药物的不良反应概率达到60%。知道这点我们可以预料一个患者对于斯达汀类药物的不良反应,由此,或者开出一剂不同的药物或者从较低剂量开始。

除了斯达汀类药物,很多其他被用来治疗心血管疾病的药物的效果,包括氯吡格雷和β-受体阻滞剂,已经与特定的基因变体有关。甚至用来稀释血液以及降低血栓、心脏病和中风的风险的阿司匹林对于具有特定变体的人来说都没有效果,预测医学如何改善药物用途的最后例子与血液稀释药华法林有关(香豆定),它是全世界最常见的一种阻止心脏病、中风、血栓和其他威胁生命疾病所开的最多药物之一。决定初始剂量是很难的,因为大量的变体影响了人们对于药物的反应方式。一些人反应正常,意味着当服用初始剂量时他们的血液和预期的一样稀。其他人对于药物非常敏感,这一点使得他们的血液变得更加稀,这一点使他们有威胁生命的出血危险,特别是脑出血。而另一些人对华法林有抗药性,因此初始剂量没有充分稀释他们的血液,这就意味着在这些人服用药物的时候没有达到保护自身免遭心脏病和中风风险的效果。不管怎样,所有这些可能性可以被避免,因为基因筛查不仅能够决定谁敏感,谁有抗药性,而且还能决定对于一个人来说最有效的精确的初始剂量。

> 预测医学现在能够提供信息,关于防止和治疗心血管疾病药物的有效性和不良反应风险。

就像我们在第一部分讨论的那样,FDA经济部的一位资深成员总结道:"如果在开此方药之前使用基因筛查,那么每年可以避免8.5万例严重的出血,1.7万例中风以及其他与华法林相关的不良反应,每年会带来净节省健康保健费用多达1亿美元"。

有关心血管组合的例子

心血管组合

高胆固醇和甘油三酯含量

高血压

心脏病

中风

冠状动脉疾病

心律失常和猝死的原因（包括药物诱发的心律失常）

心肌病

心脏衰竭

血栓

脑血管瘤

主动脉瘤

效用、剂量、对心血管药物的不良反应

关于心血管疾病风险方面具体的饮食和锻炼的效果

吸烟对于心血管疾病的影响

压力对于恶化的心血管疾病的影响

尼古丁上瘾风险

酒精滥用风险

生物标志物的含量（包括CRP，同型半胱氨酸，脂联素，p-选择素以及IL18）

贫血以及其他血液异常

外周动脉疾病

结构性心脏缺损

马凡氏症状

出血异常（比如血友病）

川崎病

牙周炎

肥胖症

2型糖尿病

如果你想知道与心血管健康相关的额外板块内容，请访问www.Outsmart YourGenes.com/Panels。

九

与老年痴呆症斗争的新策略

错误认识：如果老年痴呆症最终是我的宿命，那么我宁愿不去了解，因为我对它无能为力。

事实：你与老年痴呆症斗争的最有力武器，甚至在它发作之前的几十年，就了解到你正处于危险之中，因为这时你是能够极大降低患病风险的。

每个人都有所谓老年的时候。随着我们变老，我们忘记一个短语或者我们不常见的人的名字是很正常的；但是，很难回忆起好朋友和家庭成员的名字，或者很难完成一个日常生活中的正常活动，如使收支平衡（假如以前你能做到），这些也许都是一个严重问题的迹象。

虽然活到耄耋之年是我们很多人共有的梦想，但是我们也共有这样一种恐惧，那就是老年也许会伴随着痴呆。

痴呆症就是指记忆和意识的一种退化，比如处理和学习知识、认识或者识别物体、交流以及做出合理的判断的能力。过去人们经常把痴呆叫作衰老，而且许多年来我们认为衰老是年龄增长过程的正常部分。今天，我们把痴呆比作一种需要治疗的疾病。老年痴呆症约占痴呆病的70%。因为全球这种病很普遍，几乎每一个人都熟悉老年痴呆症症状，这种症状通常一开始表现为记忆力减退，一段时间后记忆力减退逐渐恶化，然后伴见糊涂、判断力减弱以及迷失方向。最后，患有老年痴呆症的患者不认识他们的至爱亲朋，而且说话、走路和吃饭时都有困难，所有这些都会导致患者卧床不起，最终死亡。

目前还没有治愈老年痴呆症的方法。一旦得了这种病，医生唯一能做的就是开一些药物来减缓必然症状的出现时间。最后，每个患有老年痴呆症的人病情恶化直至死亡。这就是为什么要采取预防措施，因为降低患老年痴呆症风险是我们目前唯一可以实施的来反击这种疾病的方案。

保护生命的火花

当谈到基因筛查的时候，老年痴呆症往往受到冷落。通常会听到一些人说："我想知道一切关于我的风险……除了老年痴呆症"。这种排除的主要原因就是，很多人认为无法改变我们得老年痴呆症的风险，这种认识是不对的。通过尽早实施一些预防性的措施，我们可以明显降低患有这种疾病的风险，这样，它或者永远不会发生或者只有在生命的晚期才发生，而且发展更缓慢。

很多人都说他们宁愿很快患上心脏病，而不愿意缓慢地受老年痴呆症的折磨。但是仅仅因为我们惧怕一些事情并不意味着最好的方法就是像鸵鸟一样把头埋在沙子里面。相反，战胜这种破坏性的疾病的方法就是利用一辈子的时间与之战斗。

认识老年痴呆症

老年痴呆症是一种衰弱的神经紊乱现象，它通常会在生命的后期开始折磨人——65岁以后。其特点是在大脑里形成叫作斑块和缠结的异常沉积物影响神经元，而且也会减少大脑里电流行为的效率。随着这种沉积的聚集，神经细胞连接（突触）减少，细胞最终死亡，大脑不能正常运转。大脑影响短期记忆的那些区域首先会被传染。随后，这种病会按照它的方式进入大脑里，然后控制其他智力和身体的功能。患者通常会死于确诊后的8年内。

与老年痴呆症的战争

1907年，这种病被阿洛伊斯·阿尔茨海默首次描述，当时甚至在发达国家中的人们的平均寿命都太低，以至于在老年痴呆症症状表现出来之前大多数人都已死于其他原因。在过去的一个世纪，随着人们的平均寿命显著增长，老年痴呆症患者的数量也迅速增长。2010年,首批被称作婴儿潮的人们庆祝了他们65岁的生日,截至2029年,所有婴儿潮的人都会在65岁或者更年长,在美国有7 000万65岁以上的人。美国65岁以上的人每8个人中有1个;85岁的人每2个人中有1个人患有老年痴呆症。全世界超过2 600万的人患有老年痴呆症,除非科学的发展找到一个干预的方法,否则这个数字将会在接下来的40年内翻两番,达到全世界每85个人中会有1个人得这种病。

老年痴呆症的患者们不仅受到疾病的折磨,他们的家庭朋友和社区也难以避免。在美国近1 000万的朋友和家庭成员中,包括8～18岁的25万个孩子,作为护理人员帮助那些患有老年痴呆症的人,他们每年会提供8.5亿个小时的无报酬护理。由于这种病长期的、逐渐衰退的特点,给护理人员造成了巨大的心理压力,每3个人中约有2个会有某种程度的抑郁。

老年痴呆症丧亲之痛的过程是独一无二的,因为他们的挚爱亲朋通常在对方仍然活着,但是已经明确会失去他们的时候开始了追悼的过程。与其他压力相伴,很多家庭成员同时也惧怕他们会继承这种病。

治疗和护理老年痴呆症患者的成本是惊人的:在美国每年大约150亿美元。花在老年痴呆症上的医疗保险会比其他疾病要高3倍,而且50%的家庭护理成本会花在痴呆和老年痴呆症上。

我们整个文明正在与老年痴呆症做斗争,而且目前这种斗争正在取得胜利。统计数字是惊人的,惊人这个词是很恰当的,因为这些统计数字会提醒我们目前面临的这个情况的重心在哪里,而且需要我们发动一场主动的反击战。

了解你的敌人

较常见的、偶发式的老年痴呆症占所有病例的95%,它源于70%的遗传和30%的非遗传因素。这种形式的病并不完全取决于我们的基因,这意味着我们可以操纵非遗传因素来降低患病的风险。将来也许能够使用基因疗法或者遗传工程来改变我们的基因构成,但是目前必须使用我们手边的工具,而且集中精力通过改变那些非遗传因素来降低风险。罕见的、家族形式的老年痴呆症几乎100%是由遗传因素引起的,而且没有任何办法去降低这种疾病的风险,但是,检测出引起老年痴呆症的变体能够使我们利用计划生育手段来切断它对我们后代的影响。但是,本章的剩下部分,我们将会只讨论常见形式的老年痴呆症。

APOE基因变体

APOE基因能在大脑里生产一种具有大量功能的蛋白质,但是在这些极其重要的功能中有3种功能是在帮助分解有害沉积物,帮助维护和修复大脑细胞的结构完整性,维持一种叫作突触可塑性的东西。突触可塑性能够使神经元彼此联络,因此维护突触可塑性对于学习和记忆都是至关重要的。如果APOE基因没有正常运转,有害的沉积就会增加,大脑细胞的结构性完整就会受到影响,结果,突触可塑性也许会恶化。因此,APOE基因对于保持大脑健康是很有必要的,而且它对于老年痴呆症来说是最重要的。

APOE基因有3个主要的变体:E2、E3 和E4。当它包含有E3变体的时候它能生产一种正常量的蛋白质,当它含有E2变体的时候它会生产更多量的蛋白质,但当它有E4变体时,基因不会有正常功能,而且会产生很少量的蛋白质。科学推测出的关于老年痴呆症和这3个APOE变体之间的关系基本上就是:E2是保护性的,E3是中性的,E4是有害的。因为我们所有人都包含两套APOE基因,我们可以有两套E2变体(E2/E2)、一套E2变体和一套E3变体(E2/E3)、一套E2变体和一套E4变体(E2/E4)等。

关于它的影响,E4通常比其他变体都要严重。不管你的APOE变体的另外一种是什么,你仍然有老年痴呆症的高风险。但是如果你有E2/E2或者E2/E3,那么你患有老年痴呆症的风险就会很低。因此确定你APOE基因中的特定变体也许会让你知道你比其他人群更不易得老年痴呆症。下面的这个表格表明了在白种人中与这些变体相关的每一个风险的统计。

表10 老年痴呆症和APOE基因

APOE变体	风　　险
E2/E2 和E2/E3	40%低风险
E3/E3	自身没有增加的风险,但是如果变体存在于TOMM40基因中那么风险也许会增加
E2/E4	增加160%的风险
E3/E4	增加220%的风险
E4/E4	大于1 000%的风险

亚洲人(日本人、中国人以及韩国人)如果他们的遗传构成包含1套或2套E4

变体,那么患有老年痴呆症风险较高,而黑人和西班牙人患有疾病的风险较低。

APOE的E4变体导致的老年痴呆症也许在所有病例中所占比例高达50%。一项2009年由梅奥诊所的一个医生团队进行的研究发现,携带有E4变体的人们的记忆衰退实际上在60岁前就开始了,而且与那些没有E4变体的人相比记忆衰退速度更快。这佐证了另外一些研究,这些研究发现,对于E4携带者来说,他们的记忆和学习能力有较早和较快的衰退。因此,E4不仅增加了人们患有老年痴呆症的风险,同时也让疾病在生命阶段更早的时候显现出来。

在不远的将来,我们也许能够提供一种可以抑制E4有害影响的基因疗法,或者我们也许能够提供一种把一个人的E4改变成E2的基因工程。到那个时候,就能够用它来预测我们未来疾病的风险,而且有了这种预测知识,我们就可以尽早地开启预防性策略。

老年痴呆症的风险:其他基因变体

APOE基因并不是唯一一个与老年痴呆症风险相关的基因。影响风险的另外一个基因是SORL1,它参与了保护大脑反抗衰老斑块的形成,斑块同缠结一起是在大脑中观察到的主要变化。在SORL1中的变体减少了它的保护能力而且增加了患有老年痴呆症的风险。这个基因也包括其他一些似乎能提高功能的变体,这样它能运转得更好,而且这些变体与下降的疾病风险有关。

不管是否具有APOE的E4变体,SORL1修正了一个人患有老年痴呆症的风险,但是,在GAB2中的变体似乎增加了仅仅在具有E4的人的大脑里有害沉积形成的比率。当一个人的遗传密码包括E4和特定的GAB2变体的时候,患有老年痴呆症的风险就会比那些仅有E4变体的人的风险要高。

此外,现在已经得出结论,看上去中立的APOE中的E3变体毕竟不是良性的,因为它与在某些亚种人群中增加的老年痴呆症的风险有关。2009年,杜克大学药物开发研究所的所长发现,在TOMM40基因中的变体不仅可以被用来预测老年痴呆症的风险,而且也能预测在APOE中具有E3变体的人的发病年龄。TOMM40基因对于线粒体的正常运转是很重要的,线粒体是细胞的动力室。在这种基因中的变体削弱了它正常运转的能力,导致了线粒体功能障碍以及在脑细胞中有害物的聚集。反过来,这便导致老年痴呆症中出现的未成熟脑细胞的死亡。

早期的研究已经发现,在TOOM40基因中的变体也许非常有益于预测出一个人老年痴呆风险的另外35%。这意味着,通过综合在APOE、SORL1、GAB2、

TOMM40以及其他基因中的变体的信息，医生们也许能够预测高达90%的老年痴呆症的风险。

虽然TOMM40数据目前正处在被确认过程中，但是它们也许可以象征着科学在预测老年痴呆症的能力方面有一个潜在的进步。

预测医学可以为老年痴呆症提供一种个性化的预防。

如果我们把所有的与老年痴呆症相关的变体都考虑在内的话，那么我们就需要对这个基因组进行全面的分析。但是，预测医学的目标，不仅仅是为了确认增加的风险，而且对于那些最需要个性化预防的人也很有必要。

根据基因制定的预防措施

通过实施大量的预防措施是可以降低老年痴呆症的风险。而且和其他疾病一样，这种预防可以根据基因个性化制定，这样对于你来说最有效率。

一些人不做老年痴呆症基因筛查的主要原因之一是，没有治愈方案，而且治疗方法既有限又效果最差。在老年痴呆症显现出来以前拖延或者预防是我们目前与这种疾病作战的最好策略。

即使65岁以后的大多数人患上老年痴呆症，依我看，预防也可以从头开始并且持续整个一生。因为这一疾病是在第一次症状表现出来很久之前，就已经造成严重不可逆伤害的一种潜伏病，所以直到65岁或更老一些时候也许才有诊断，但是对于大脑造成的有害变化几乎总是在这之前的20～30年出现。而且早在儿童时期遭遇到的非遗传诱发性因素也似乎影响老年痴呆症的风险。

在老年痴呆症发作之前拖延和预防是我们与这种疾病斗争的最好策略。

因此，为了我们大脑长期健康的战斗，不应该在中年时期而应该在孩童时期就开始。

建立和维持一种认知储备

一生中建立一个大的认知储备是降低患有老年痴呆症风险的积极主动的方

法。我们可以把大脑想象成一个水库,它装满了神经元而不是充满了水。当大脑中的神经元储备库因神经元死亡或者无用而低于某一水平的时候,老年痴呆症就会发生。因此,老年痴呆症可以被看作是大脑中的一种干旱。即使储备库水平几十年缓慢地下降,但是直到旱情明显且老年痴呆症状显现时,储备库水平才会降低到某个临界值以下,储备库水平越低,症状越糟糕。

用这个比喻,APOE的E4变体可以被认为是储备库地基上的一个大裂缝,就会使大脑比它本来失去神经元的速度还要更快,这就意味着,具有这种变体的人在年轻的时候就到达了老年痴呆症的临界值,而且因此要比那些没有变体的人更早地遭遇记忆力减退和学习困难。这一个过程有点类似于TOMM40基因中具有变体的人们那样,除非它们地基上的裂缝没有那么大,因此神经元损伤也没有那么快。但是,幸运的是,在整个一生中通过建立一种储备可以极大增加大脑中的神经元储备。认知储备这个术语指的是这样一个概念———一个保护免遭老年痴呆症困扰的神经元的储备。这个储备很有效地增加了储备库中的神经元,这样即使发生了泄漏(比如E4变体那样的情况发生),储备库中额外的神经元可以确保这个水平长时间地维持在疾病临界值以上。

> 通过一生建立和维护一个认知储备库可以保护你免受痴呆症困扰。

有很多种刺激大脑建立认知储备的方法。第一个也是最重要的就是教育。大量的研究表明,接受教育的时间与人们患有老年痴呆症风险之间是呈负相关的。如果一个人接受了12～15年的教育,患有痴呆和老年痴呆症风险的比率就会下降15%,如果超过15年,就会下降35%(这是与那些在学校接受教育不到12年的人相比的)。

但是,即使过了在学校接受教育的年龄,也不必烦恼,因为我们仍然可以通过经常性的认知训练锻炼大脑来增加认知储备,这与我们通过锻炼身体来维持身体健康的方式是大致相同的。认知训练已经被证明可以刺激神经元的生长以及突触可塑性。脑部的练习,可以一周做3次或3次以上,一次1个小时,通过玩桥牌或者其他纸牌游戏、玩象棋,解谜题(例如拼图填字游戏或数独),参加演讲,学习一门新的语言或者技术,也可以去培养一种新的爱好。脑部锻炼最佳的形式似乎与那些社会交际有关,因为建立一个坚实的社交网络很可能有助于缓解压力从而对老年痴呆症有抵制作用。

目前,还有一些研究正在进行来确定使用现代科技(如玩视频游戏),是否能够帮助建立认知储备以及保护免遭老年痴呆症的困扰。初步的研究结果充满希望,表明那些难度逐渐增加的谜题视频游戏可以显著促进记忆和突触可塑性。

如果未来的研究表明它确实很有益,也许家长们就会鼓励孩子去玩更多的视频游戏(父母们和祖父母们也许会开始玩这种游戏),虽然建立一个认知储备还不能表明可以预防大脑里形成的老年痴呆症的斑块和缠结,但是它确实能够显著地拖延症状的发生。

因为老年痴呆症通常会感染那些65岁或以上的人,把发病症状延后一二十年将会使得人们有更多的黄金时间享受生活。此外,当我们到了80岁或者90岁的时候,我们也许会屈从于一些其他疾病,但是拖延发病症状的时间越长,这种病对我们生活的影响就会越小。

在第七章,我们讨论了头部外伤与具有E4 APOE变体的大幅度增加的老年痴呆症风险之间的关系。对于那些有这种变体的人来说,头部的伤害就相当于用大锤砸在储备库的墙壁上一样。这个墙会足够结实来承受如此打击,但是具有E4变体的人,储备库就已经包含有一个大的裂缝,头部外伤会极大增加这个裂缝,也会增加储备库里损失的神经元的比率。研究者们目前已经致力于一种在具有E4变体的人头部受伤之后,辅以防止认知下降的药物治疗,但是只在对于老鼠的研究中取得了成功,这个药物还并没有在人类身上用过。因此,在这个时候,对于拥有这个变体的人,最好的防御就是避免头部外伤的情况发生。

对于心脏好的东西对于大脑同样也好

事实证明,几乎所有非遗传因素和一些基因变体增加了心脏病的风险,也会增加老年痴呆症的风险。虽然听起来不乐观,但它确实有好处,因为这意味着我们将会从同样的预防性的策略中收到两倍的益处。例如,对心脏不利的因素,比如吸烟、超重或者肥胖,或者胆固醇含量过高,同样与增加老年痴呆症的风险有关,因此克服以上任意一种情况都会大幅度减少患有心脏病与老年痴呆症的风险。

身体活动似乎对于大脑有很多的影响,远远超出了心血管健康。它不仅能够增加突触可塑性,同时也能够刺激神经元的生长,从而增加认知储备。此外,在实验室动物的研究中,身体的锻炼似乎能够阻止大脑中与老年痴呆症相关的斑块的形成。

对于那些一直有久坐生活方式的人来说,患有老年痴呆症的风险要比那些身体活跃的人的概率要多200%。对于有E4变体的人,久坐就更会增加老年痴呆症的风险,而经常性的锻炼被证明可以大幅度减少风险。

从身体活动中获得的最大益处是一周3次每次20分钟的积极锻炼,或者一周5次每次30分钟的中等强度锻炼。身体锻炼的最好形式是让心脏加速跳动的活动,如游泳、慢跑、骑车或者打网球。在第五章里,我们讨论了这样一个事实,即在工作中或者乘车上下班时做的身体运动不如经常的身体运动有效果。而且这一点对于帮助减低老年痴呆症的风险来说也似乎如此——为了更有益处,不得不在休闲时间做身体运动。

对心脏健康的饮食似乎对于大脑也有健康的作用。已经有一个研究实体认为地中海人的饮食不仅能够防止心血管疾病和癌症,而且还能防止包括老年痴呆症和帕金森病在内的脑部疾病。一份地中海饮食包括大量特纯的橄榄油、蔬菜、坚果、粗粮、鱼类以及新鲜的水果,同时有少量的肉、乳制品以及精制盐。这种饮食能降低老年痴呆症发生的风险,最主要的原因是,它富含天然抗氧化剂,同时卡路里和饱和脂肪的含量也很少。

> 休闲时间的身体运动不仅仅对于心脏有好处,同时也能够保护我们抵抗老年痴呆症。

一天喝几杯咖啡也许会远离老年痴呆症

正如我们已经讨论的,咖啡因是当今世界上最流行的消费品之一。它不仅让我们度过早晨的美好时光,也许会有更多有益的影响。研究表明,摄入咖啡因确实能够减少老年痴呆症的风险。当然每天都有相当的饮用量。而那些喝茶和可乐的人则因为这些饮料中含有的低咖啡量就不会太受益。狂热的咖啡饮用者则受到最大的保护益处。

当我们喝一些含有咖啡因的东西,咖啡因就会直接进入到我们的大脑,与脑细胞相互作用,这与药物的方式一样。咖啡因暂时关闭大脑中使其反应减慢的一部分区域。如果关闭一些减慢速度的东西,那么就会加速,这几乎是咖啡因的工作原理。

除了刺激大脑以及增加认知和记忆,咖啡因也许可以帮助减少大脑里的炎症。慢性的炎症会引起身体很多伤害,像阿司匹林、红酒以及咖啡因这类减少炎症的物质,都可以帮助身体抵抗疾病。因为咖啡因似乎能够帮助减少大脑中的炎症,所以它被认为可以保护神经。

除了咖啡因,咖啡也包括其他有益的物质,比如茶多酚。我们在上一章讨论红酒对于心血管益处的时候已经讨论了这些问题。咖啡中的茶多酚，就像红酒中的那些物质一样，可以作为抗氧化剂，而且也能保护大脑抵抗伤害。事实上，研究表明，茶多酚能够降低一个人患有老年痴呆症的风险。

坚持喝多长时间的咖啡这个问题也很重要，因为只有经常性地喝咖啡达两个月或者更长时间，你才会意识到它的健康益处。虽然研究表明，短期喝咖啡能够增强注意力和警觉性，但它对于记忆和认知的积极影响似乎只有长期饮用才能发生。

验证性的研究是很有必要的，一天喝3～4杯咖啡或者2～3杯浓咖啡也许会降低50%的老年痴呆症的风险。对于那些具有高风险性的E4变体APOE的人来说，咖啡或者浓咖啡似乎有一个更好的保护性效果，它能减少约70%的风险。

在你开始冲泡一壶咖啡之前，谨记丰富的咖啡量并非总是对健康有好处。量过多容易导致躁动、焦虑和易怒。而且，与任何药物一样，你是否可能有这种反作用取决于你具体的基因构成。

除了咖啡和浓咖啡，每天喝饮料也会对老年痴呆症的风险有影响。喝1～2杯红酒不仅有益于心血管健康，而且似乎能够降低老年痴呆症的风险。研究表明，红酒是能够降低老年痴呆症风险的唯一酒精类饮料。但是，不像咖啡和浓咖啡那样，一个人只有没有携带E4变体的时候，红酒似乎才能够降低这个人的老年痴呆症风险。最有可能的原因就是E4的负面效应会远远超过从酒类中获得的益处。

药物预防

科学文献一贯把两种类型的药物（斯达汀类药物和非类固醇消炎药物（NSAIDs））认为可以降低老年痴呆症的风险。最常见的是阿司匹林、布洛芬、萘普生（比如甲氧基甲基萘乙酸）以及双氯芬酸钠（扶他林）。阿司匹林是一种独特的斯达汀类药物和非类固醇消炎药物，因为不像布洛芬和萘普生，它稀释血液（使血小板不黏附），这就是它被用来防止血栓、心脏病和中风的原因。泰诺（对乙酰氨基酚）有的时候被认为是这个群里的一部分，但从技术上来讲，它不是一个斯达汀类药物和非类固醇消炎药物，而且研究已经表明，它对于减少老年痴呆症的风险来说似乎没有效果。

与预防老年痴呆症的风险相关的斯达汀类药物和非类固醇消炎药物产生益处，似乎因为它们减少了身体的炎症，同时也许直接阻止了大脑中与老年痴呆症相关的斑块的形成。斯达汀类药物和非类固醇消炎药物也许会降低一个人老年痴呆症的风险的第一个证据来自20世纪90年代早期的研究，那时的研究揭示了关节炎和痴呆的相反关系。有关节炎的人就会比那些没有关节炎的人患有老年痴呆症的风险低50%，而且这让研究者们很困惑，"是什么让那些有关节炎的人能够有一个较低风险的老年痴呆症呢？"很快这一点就清晰了，几乎所有患有关节炎的人每天、长期服用的一种药物都是斯达汀类药物和非类固醇消炎药物，因为斯达汀类药物和非类固醇消炎药物能够帮助减少疼痛和关节炎症。由于这个原因，研究者们已经进行了研究来确定是否是斯达汀类药物和非类固醇消炎药物对于被观察到的老年痴呆症的低风险起作用，如果是这样的话，它们是否可以被用来预防。

大量的研究已经调查了斯达汀类药物和非类固醇消炎药物与老年痴呆症风险之间的关系，大多数研究表明，日常使用斯达汀类药物和非类固醇消炎药物长达2年是有益处的。在过去几年中做的研究现在首次证明了，斯达汀类药物和非类固醇消炎药物对于具有一套或两套E4变体的APOE的人来说是很有效的，能够降低他们60%的风险。

实验室动物的研究表明，E4与大脑中增加的炎症有关，而且斯达汀类药物和非类固醇消炎药物直接能够抵消这点。因为有了这些发现，我把日常的斯达汀类药物和非类固醇消炎药物推荐给我很多具有1、2套变体的患者。因为阿司匹林增加了胃溃疡和出血的风险，在你使用它来预防任何疾病之前请咨询你的私人医生，这是很重要的。

我们已经讨论了与心血管疾病相关的斯达汀类药物。因为在大脑中与老年痴呆症相关的斑块的聚集会随着一个人的胆固醇的增加而增加，斯达汀类药物使得胆固醇含量正常化，也能够帮助降低斑块形成的速度。斯达汀类药物不只通过降低胆固醇含量来降低老年痴呆症的风险；它们也似乎在阻止与老年痴呆症相关的缠结的产生以及减少炎症。

但是，当谈到大脑的时候，并不是所有的斯达汀类药物都是一样的：一些像普伐达汀（普拉固），从血液中进入大脑时有困难，但是其他如辛伐达汀（舒降之）以及洛

> 非类固醇消炎药物和斯达汀类药物似乎在减少老年痴呆症的风险方面很有效果。

伐达汀（美降脂）却可以这么做。研究同时也表明，当人还很年轻的时候，如果斯达汀类药物对于预防有效果的话，那么人们就必须开始使用这种药物。

虽然，我们需要更多的研究，但我对于斯达汀类药物在减少老年痴呆症风险方面好处的数据是很有信心的，因此，如果患者在30岁晚些时候以及40岁早些时候，发现基因方面有患病倾向的话，我建议给患者用预防性的脑穿透的斯达汀类药物。因为可以通过为一个人的基因构成定制初始剂量的药物来缓和与斯达汀类药物疗法相关的不良反应，而且因为潜在的益处是很多的，我认为可以使用这个较好的预防性策略，直到再有新的研究成果出现。在我们与老年痴呆症的战斗中，我们没有多少时间来边等边看，因为在年轻时候开始的预防性策略似乎是最有益处的。

维生素E也闯祸

与一种疾病，比如老年痴呆症做斗争的关键因素是确保你没有把时间和金钱浪费在不起作用的预防上。幸运的是，全球的研究者们正在坚持不懈地研究预防性策略的效果。当公众开始关注一个特殊的预防方法时，研究者也会去留意，然后他们还会进行研究来测试这个方法是否有效。获得这种关注的最新的疗法之一就是为了预防老年痴呆症而服用增补的维生素E。因为传说它对健康很有益，所以人们推崇维生素E药丸，就像它是可以预防从老年痴呆和心血管疾病到癌症等一切疾病的维生素。但是，很多初始研究已经发现服用维生素E的增补物是没有好处的，有时甚至还有危险。

2005年，约翰·霍普金斯大学医药学院的研究者们与一支跨国研究团队一起发表了一份研究，这项研究涉及总数超过3.5万人的19个临床维生素E的试验。研究者们发现，每天服用150国际单位或者更多的维生素E，总体上确实能够增加死亡的危险。拿这个与每天人们平均从食物中摄取的14个国际单位来比较，很明显，150国际单位也许比我们进化后机体所能处理的量高很多。研究也发现，剂量越大，风险越高，服用400国际单位或更多的人的死亡风险更高。更深入的研究结果也表明，维生素E的增补不能预防老年痴呆症、心血管疾病或者癌症，相反，似乎只能增加死亡的风险。这意味着，为了预防疾病，人们通常服用的大量维生素

E，实际上也许是大量的夺命剂。似乎服用大量的维生素E也许会使机体自然的抗氧化剂失衡，同时会增加氧化的伤害。另外一项研究发现，维生素E也许会扰乱身体抵消毒素的能力，导致潜在的有害物质产生。

仅仅因为一个物质的名字包含着看上去无害的一个词"维生素"，并不意味着对于我们自身是有益处的。如果从食物中摄取足够的营养，就会获得真正需要的所有维生素，除非血液测试或者你的基因构成表明的结果相反。为了攻克像老年痴呆症那样的疾病，我们不能在不起作用的预防上面浪费时间。根据大量的研究结果，虽然曾经维生素E被认为很有帮助，但是维生素E除了希望的假象以及死亡的高风险外什么都不会给你提供。

补充性预防

在北美洲和欧洲，"替代医学"这个术语被用来指的是非传统的健康保健方式，包括诸如针灸、瑜伽、默念、补充剂以及草药学等治疗和干预方法。当这些技术与传统的西药结合使用时，这些替代性的方法就指的是"补充性医学"。补充性和预防性的策略已经被证明在减少老年痴呆症风险方面是有效果的，而且我们应该考虑在我们的武器库中增加另外一件强有力的武器。

在很多被用来预防老年痴呆症的补充剂里最流行的是Ω-3脂肪酸。这些是一些必备的脂肪酸，这表明它们不能被身体制造出来，而且它们肯定是从食物或在一些补充剂里得到的。Ω-3的最有益的形式（叫作DHA或者EPA）主要从鱼类当中得来。它们似乎对于整个机体都有重要的影响，而且已经被证明可以降低胆固醇以及甘油三酯的含量、减少炎症、抵抗心脏病，因此，对于整个健康来说都有相当大的益处。

大量的研究已经多次表明Ω-3可以减少40%的心血管疾病发生的概率。事实上，Ω-3的益处非常明显以至于在2000年FDA对于它们能够减少冠状动脉疾病风险的能力正式赋予"健康资质标识"的地位。

在脑细胞的细胞膜上发现了大量的Ω-3，它们是细胞正常运转所必需的。由于这一原因以及它们调整胆固醇和减少炎症的能力，Ω-3已经被广泛研究了与老年痴呆症之间的关系。研究发现，例如，如果一个人吃高脂肪鱼1周低于3次就会降低Ω-3的水平，这与增加的老年痴呆症风险有关，如果多吃这种鱼，那么这种风险就会相应转变。研究表明，除了其他的益处，Ω-3同时也似乎对于阻止斑块和缠结的形成以及对于增加脑细胞存活的能力有直接的影响，因此减缓了储备库中神经元损失的速度。

从鱼类或者鱼油药丸中得来的Ω-3似乎能够减少40%的老年痴呆症风险。但是，针对APOE基因，越来越多的研究表明，具有E4的人们几乎没有从Ω-3中得到益处。E4和鱼油也许彼此不融，因为E4与脂肪酸分解时不断产生的大量氧化损伤有关。因此，添加Ω-3也许确实会火上浇油，在这些人中引起氧化损伤。我们需要额外的研究来查明Ω-3缺乏的好处以及在具有E4的人中可能的伤害，但是我认为目前的文献足以为我们提示，那些具有一套或者两套E4变体的人应避免服用鱼油补充剂来扩充其Ω-3的摄入量。

但是，对于其他人，似乎Ω-3没有多少潜在的不良反应。而且因为它们在老年痴呆症表现出来以及任何储备下降发生之前是最有效率的，我经常建议那些没有E4变体的人，如果他们一周吃少于3份的鱼话，那么在他们30岁的早期就应该开始服用Ω-3补充物。

另外一种作为预防老年痴呆症的补充就是减压，比如通过练习瑜伽或者默念。初步的证据表明，瑜伽和默念确实不仅通过矫正神经递质的不平衡，而且通过实际改变大脑本身的结构来帮助保护大脑。研究同时也表明，具有1、2套E4变体的人整个一生的高度的压力水平很明显增加了认知下降的风险。虽然这些研究发现压力随着年龄的增长在所有人中会导致认知下降的风险，但他们发现具有E4变体会加剧这种效果。所以现在看来，压力是另外一个潜在的能够扩大大脑中储备库裂缝的重击。因此，对于那些具有E4变体的人来说，不仅仅在老年痴呆症方面要意识到压力的影响，而且也要意识到普遍存在的各种各样的减压方法。

监测认知

如果一个人发现在基因方面有患老年痴呆症的倾向，医生可以经常使用方便的"简易智力状况检查法（mini-mental state examination, MMSE）"来监测任何认知的下降。MMSE，包含了一系列的问题和心理训练，很容易被任何医生掌握。

如果怀疑有认知下降，那么，有时候在症状出现前的几十年，一个专门的大脑PET扫描可以提供一个大脑的视觉画面以评估符合老年痴呆症的任何变化。PET扫描与基因筛查相结合，能使医生识别是否老年痴呆症的早期阶段正在出现以及疾病发展的进程。根据这个信息，就可以开始额外的预防性措施。

治疗

老年痴呆症无法被治愈，疾病的发展可以用一类叫作胆碱酯酶抑制剂，比如多奈哌齐（安理申）来暂时减慢其发病速度。但是，这个药物的效果有相当大的变化；大约每2个人中有1个人没有表现出明显的有益反应，而且约80%的变化被认为是与基因有关的。

CYP2D6基因主要负责代谢许多胆碱酯酶抑制剂药物，而且一个初步的研究表明，这种基因中的变化是与安理申的效果以及潜在的不良效果相关的。例如，有一个变体与安理申60%的作用时间有关，另外一个不同的变体仅仅与安里申8%的作用时间有关。此外，目前正在进行的研究试图确定是否E4变体对于这些药物的效果有任何含义。关于CYP2D6基因的研究结果仍然是初步的，但是我相信科学很快能为老年痴呆症从基因上定制药物治疗方法。

表11　对于老年痴呆症基因定制预防的总结

如果你没有任何E4基因变体	如果你有1套或2套E4基因变体
生 活 方 式	
建立一个认知储备库	建立一个认知储备库
从事体育运动	从事体育运动
喝适量的红酒	避免头部外伤
	遵循地中海饮食
	喝咖啡或浓咖啡
	停止吸烟
药 物 治 疗	
	日常的非类固醇消炎药物
	日常的斯达汀类药物

补 充 性 预 防	
从鱼油中增加的Ω-3摄入量	压力减少技巧
不要服用维生素E补充物	不要服用维生素E补充物
监 测 认 知	
根据确定的所有与心血管相关疾病的基因风险的开展惯常监测	对于所有心血管疾病的监测和治疗，包括高胆固醇水平、肥胖症、血压异常和糖尿病
	简易智力状况检查
	大脑PET扫描

我们正在全力以赴与老年痴呆症做斗争。这场战争可以赢，但是我们必须了解一个事实——这场战斗不是从我们首次经历症状开始，而是从我们诞生之日起就已经开始了。因此，减少患老年痴呆症风险的关键就是，要明白它并不是一种老年疾病，而是在生命的早期阶段对大脑造成伤害的一种疾病。因此，我们需要用整个一生的时间来做好预防，如果我们主动出击，就能在相当程度上降低这种疾病的风险。

> 通过终生与其作战我们能够战胜老年痴呆疾病。

老年痴呆症基因筛查组合的例子

老年痴呆症疾病组合

老年痴呆症（包括偶发的和家族的）

痴呆

老年痴呆症的发病年龄

老年痴呆症认知下降的速度

用来降低老年痴呆症风险的药物效果

用来降低老年痴呆症风险的药物不良反应的风险

心血管疾病

胆固醇水平

肥胖症

咖啡因代谢、敏感度以及不良反应

尼古丁上瘾的风险以及戒烟治疗的效果

　　酒精上瘾的风险以及酒精上瘾多种治疗的效果

　　如果你想获得与神经系统、老化、老年痴呆症以及痴呆相关的额外的基因筛查组合，请访问www.OutsmartYourGenes/Panels。

预测、预防、战胜癌症

错误认识：乳腺癌是唯一一个可以通过基因筛查来预测和预防的癌症。

事实：所有的癌症，或者部分的，或者全部的是由于我们基因构成的变体引起的。我们现在可以预测你是否有患癌的倾向，并根据你的基因来定制预防方法以保护你抵制各种形式的癌症。

这本书（以及我的研究）的前提可以这样总结：如果我们能够预测，我们就能够预防；如果我们能够预防，我们就能够取胜。这个策略完全适用于人类历史上最恐惧和最具破坏性的疾病之一：癌症。

根据世界卫生组织的一份报告，2008年有1 240万人被诊断出患有癌症，2 500万人带癌生存，当然仅仅那一年就导致了760万的人死亡。不幸的是，在世界的很多地方，癌症是一个很顽固的疾病，病例以及与癌症相关的死亡数量在2020年将会翻倍。但是，这些统计结果没有考虑到现在给我们带来的基因革命的希望——这个希望就是我们新发现自己还有能力去预测基因的风险，这一点将使我们能够马上预防癌症并减少与癌症相关的死亡数量。世界卫生组织预测，通过改进的预防性策略，三分之一的癌症可以被成功阻止，而且如果癌症及早被侦测和治疗，还有三分之一的癌症死亡会避免。

世界上最古老的关于手术的记录中，出现的第一个对于癌症的书面描述，写在埃德温·史密斯·纸莎草上，它写于约公元前1600年的埃及。纸莎草描述了8个最有可能为乳腺癌的案例,并讨论了利用原始"火灾训练"的手段的尝试性治疗方法。纸莎草很简单地指出,对于任何大面积或似乎已经扩散的癌症来说,"没有治疗方法"。

在1 000多年以后,被誉为药物之父的希波克拉底也总结说,癌症是不能被治愈的,而且这种看法存在了好几个世纪,直到在18世纪晚期,苏格兰外科医生约翰·亨特提出一个激进的观点,那就是,一些癌症可以通过手术来治愈。3 000多年来,"癌症可以被治愈"这几个字最终显得铿锵有力。

从那个时候开始,药物治疗就已经取得了很大的进步,但是癌症仍然是死亡的一个主要因素,原因只有一个:通常它都是很晚才被检测到。我们现在知道,只要我们尽早检测,我们就能够治愈大多数的癌症,同时,我们能够通过进行大量的介入来阻止多种形式的癌症。预测医学通过把预防和治疗变得更具个性化而进入到一个新的层次。在我们整个文明史中与这个恶毒的敌人做斗争之后,我们取得了进步:从"癌症无法治愈"到"癌症可以治愈"再到现在的"癌症可以阻止"。

预测、预防与战胜

当体内的任意一个细胞发生癌变,它就会抑制或者失去内部的安全保护功能,而这种功能能够告诉细胞自毁而且也许会使其具备逃避免疫系统的能力。因为这个原因,这个细胞在无法检测且无限制的情况下能够分裂,最终它从一个细胞发展成为成百上千万个细胞,这时大量的癌细胞就会开始影响周围的结构(如通过侵入手段),一部分细胞就可能会偏离并进入血液或者淋巴系统,使癌症开始扩散到身体的其他部位,这个过程我们叫作扩散。这些细胞能够在一个新的地方占据着,而且会又一次继续不受抑制的分裂,增加了数量也引起了巨大的伤害。最后,当一个或多个重要器官受到影响时,这个人就会死去。

两种基因的基因变体是引起一个人有癌症风险的主要原因。其中的第一个叫作原癌基因,它可以使一个细胞分裂和存活。这些基因中的变体能够引起这些基因变得更加活跃,因此会让细胞在没有抑制的情况下分裂。第二种形式的基因是抑癌基因,如果细胞快速分裂或者它们任意一个过程失控,那么它能让细胞速度变慢或者甚至自毁。这些基因中的变体能够让基因失去功能,使得细胞不受本能限制地肆意分裂。

要解释这两种形式基因的功能,最常见的一个比喻是把一个细胞看作一辆小轿车。原癌基因构成油门踏板,而抑癌基因构成刹车踏板。原癌基因中的变体引起油门踏板卡在向下加油的位置。抑癌基因中的变体却使刹车踏板松开，因此刹车不起作用。

一旦癌症发生，医生只有3种主要的治疗癌症的方法：通过手术将它切除；通过辐射将它烧死；通过化疗将它毒死。有时候只需要一种方法，有时候需要同时使用2种或3种方法。不管用什么治疗方法，越早检测出癌症，治疗就会越有可能成功。一旦一种癌症发展太迅速或者已经扩散，对于医生们来说彻底消灭它就会很困难。

但是，预测医学可以在疾病表现之前就开始与癌症作战。最早使用预测医学是在1995年，当时宾夕法尼亚大学为BRCA1和BRCA2基因做了基因筛查，这两种基因被证明都与乳腺癌和卵巢癌的风险增加有关。刚开始，很多人还是持怀疑态度的，但是现在，几十年过去了，研究表明，根据这两种基因而进行的基因定制预防方法不仅降低了与乳腺癌和卵巢癌相关的死亡病例，而且也阻止了这些癌症在很多人体内发展。

> 预测医学能够在癌症表现出来之前主动地与之战斗。

抵抗癌症，保护我们自己和我们的家庭

作为一名预测医学的医生，我对每一种癌症都使用双管齐下的方法。我的最终目标就是针对那些有癌症风险的人进行即刻预防治疗，需要锁定癌症高风险的人的同时也要有应急方案，一旦出现能最早发现并有效治疗。

皮肤癌

皮肤癌是美国最常见的癌症，它占据了几乎所有癌症中的一半。所幸的是，大多数皮肤癌（甚至黑色素瘤）如果能被尽早检测出来的话，是可以治愈的。

有两种形式的皮肤癌：黑色素瘤和非黑色素瘤（也叫作基底细胞和鳞状细胞皮肤癌）。非黑色素瘤皮肤癌发展和恶化需要很多年才会引起严重的伤害，而黑色素瘤发展很快并且有转移的趋势。一旦扩散，在5年之内死于癌症的概率就会达到90%。

但是如果尽早检查，黑色素瘤的死亡风险只有1%。因此，战胜黑色素瘤的关键就是预测它的风险，实施阻止性的措施以及确保恰当的筛查到位，这样做就会在它发生时的最早阶段及时检测出。

> 如尽早监测，黑色素瘤的死亡风险就会从将近90%减少到1%。

一个人也许在基因上有患有黑色素瘤和非黑色素瘤皮肤癌的倾向或者两者都有。预测医学使我们能够有针对性地早在婴儿期就实行预防性措施,这样将会对一个人的一生都有益处。

根据基因定制的预防措施

虽然很多人都知道痣的任何变化都会是皮肤癌的预兆,但是大多数人不知道如何准确地寻找办法来解决。当一个人发现在基因方面有皮肤癌的趋势的时候,医生可以花一些时间和他们在一起跟踪回顾早期皮肤癌的图片,这样一来他们就会准确知道,根据自己身体的情况来选择需要的办法。

很多人不知道黑色素瘤可以在足底发生,在脚趾间,在甲床上,甚至在头皮上都有可能发生。一旦患者知道黑色素瘤发生的地方,他们可以一个月一次对皮肤进行适当的自我检查。因为黑色素瘤发展得非常迅速并带有致命性,所以我甚至建议那些有风险的人可以问问给他们理发的人,以便了解在他们的头皮或者他们的脖子后部是否有任何皮损或者异常。

发现自己皮肤有变化的那些人都可能过几个星期(或者几个月)才去看皮肤科医生。有黑色素瘤风险的患者必须养成一种积极的思维定式,因此,他们在发现皮肤有任何变化的时候应立即去看医生。研究已经发现,那些被健康保健机构告知根据基因筛查有黑色素瘤高风险的人很有可能采取更加积极的预防性措施。

有的时候一个人患有皮肤癌的倾向取决于过度的太阳光暴晒;如果人在18岁前经历过一次或者多次的太阳灼伤,那么他们的患病风险就极高。一旦家长们意识到这点,就可能保证他们的婴儿和孩子每天都抹高防晒系数的广谱防晒霜,即使在阴天,包括全年都是这样。家长们也应该教育孩子们防晒的重要性,这样一来涂抹防晒霜就会从早期成为一种正确的保护措施。

对于有黑色素瘤倾向的人来说(包括婴儿和孩子),另外一个重要的预防性措施就是戴太阳镜,这样做是为了阻止UVA和UVB射线,因为黑色素瘤也可以在眼睛里发展。

> 个性化的预防可以成为一个孩子日常活动的一部分。

在对黑色素瘤进行基因筛查的时候,反射分析也应该评估一个孩子患多发性硬化症(MS)的风险。防晒霜的谨慎使用可以减少孩子维生素D的水平,而在童年时期低的维生素D水平与某一特定基因变体作用会明显增加孩子日后患多发性硬化症的风险。医生可以建议这些孩子的家长们每年带孩子去进行一次血液测试来评估他们维生素D的含量。反射分析能够确保我们在降低一种疾病的风险的同时不会增加另一种疾病的风险。

最新的预防性措施之一被发现存在于一种饮料形式中。最新的研究表明，咖啡因的摄入可减少非黑色素瘤皮肤癌的风险。一旦人们喝了它，咖啡因就会进入血液，最终会进入到皮肤，在那里它引起被太阳损伤的细胞进行自我毁灭。一天喝一杯茶或者一杯咖啡能够降低30%的非黑色素瘤的风险，而且喝更多的这类饮料似乎能够更多地降低这种风险。喝茶或者咖啡并不能替代其他预防性措施，那些有患病风险的人可以使用它来作为附属措施。

遗 传 之 谜
红头发、抗麻醉、怕牙医与皮肤癌之间有何共同之处？

不要担心，我这就给你们答案：它们都归因于一种MC1R基因中的变体。

MC1R基因有很多功能，其中一种就是给皮肤和头发提供色素沉着。这种基因中的变体不仅仅与白皙的皮肤有关，同时也与红头发和雀斑有关。事实上，因为这一种基因中发生变体，所以所有红发人才成为红发。并且因为它参与色素沉着，所以，这个同样的基因也决定一个人在晒太阳时是成为健康的棕色还是被灼伤。

与白皙的皮肤有关的MC1R中的变体直接与黑色素瘤和非黑色素瘤的皮肤癌风险有关，因为白皙的皮肤能够增加对于太阳光的敏感。但是一些MC1R变体，甚至那些不会引起白皙皮肤的变体，似乎能够增加皮肤中自由基的产生。越多的自由基将导致在接触太阳光时越大的DNA伤害，这就意味着，抛开肤色问题，有这种变体的人晒太阳会增加患这种皮肤癌的风险。

MS1R基因也与大量其他的有趣性状有关。使人有一头红发的同样变体也使得这些人需要更大剂量的全麻（使其沉睡）和局麻（对疼痛感麻木）（与无这种变体的人相比，如果这些人需要麻醉时，他们需要的剂量大——译者注）。马修·戈戴斯博士是旧金山的一位麻醉师，他注意到这些人为了达到预期作用会需要比别人多使用20%的麻醉剂。MC1R基因不仅仅在皮肤中很活跃，而且在大脑中也起了一个重要的作用，在那里它参与了疼痛、恐惧和焦虑的处理过程。因此，这种基因中的变体对于主宰一个人对于麻醉的反应以及大脑处理疼痛的方式起很大作用。这确实是一种责任很多的基因！

如果你每次去牙医那里都感到疼痛，尽管牙医向你保证你的嘴应该麻木，但是不久你还是会一想到牙科就感到疼痛。当去看牙医时，15%的人经历了极端的恐惧和焦虑，45%的人经历了中度的恐惧（或者只是打算去看牙医），对于牙科保健的恐惧是真切存在的。了解一个人有这种恐惧的根本原因很重要，因为研究已经表明，从长远看，那些想逃避牙医的人牙病问题会更多。

根据2009年的一项研究，使一个人对于局部麻醉有耐性的同样的基因变体（比如普鲁卡因）会让他们在处理牙病时增加疼痛，以至于他们确实比那些没有这些变体的人恐惧牙病治疗。

但是，在MC1R基因中的变体不会使其他药物的镇痛效果减弱，比如可待因和维柯丁。因此，术前使用这类药并同时使用高剂量的局部麻醉剂也许会在牙科手术的时候减轻疼痛，从而控制和可能治愈与牙科保健相关的焦虑和恐惧。

结肠癌

结肠癌是目前第三流行癌症。在美国，人们一生患有结肠癌的风险大约是5%，而且这些病例中75%发生在那些无家族病史的人身上。但是，就像皮肤癌，不会有人死于结肠癌，只要我们在早期阶段发现它，我们就有能力去成功地检测和移除它。

即使总健康指南上说，超过50岁的人应该每10年就进行一次结肠镜检查，但是只有50%的人按照这一建议去做。结果，仅40%的患者在早期被诊断出患有这种结肠癌。不幸的是，35%的人在中期被确诊，这相当于在5年内死亡概率达近三分之一，而几乎所有其他患者都是在病情进一步恶化阶段被确诊，这与5年内死亡率90%有关。

结肠癌发生可能由于一种罕见疾病，比如家族性腺瘤性息肉或者林奇综合征，或者由于一个人在基因方面有这种癌症的趋势并且长期接触特定的能够引起癌症形成的非遗传因素（特定的食物）。

> 只要结肠癌在其早期阶段被检测出来，那么它就可以被治愈。

对有结肠癌风险的发现作用是非常大的,这有几点原因。首先,有大量的预防性措施能够减少风险。第二,有很多种遗传测试的形式可以在结肠中检测癌前和癌性变化,这样在它们对生命有威胁之前就把它们除掉。第三,知道自己有风险将会提醒你永远不会跳过或推迟结肠镜检查。第四,它会鼓励你的医生更加积极主动,提醒你需要基因筛查并确保你严格按照规定来做。

根据基因定制的预防措施

很多生活方式和饮食的变化已经表明可以降低结肠癌的风险。其中最众所周知的就是减少红肉和加工肉类的摄入,如果经常吃,两者都被证明能够增加患结肠癌的风险。

红肉被认为能够引发结肠癌,因为当高温烹制时能够产生大量潜在的有害物质,而这些物质会随着肉一起被摄入体内。研究表明,如果每天都吃超过一份红肉,在两种基因NAT1和NAT2中的变体会极大增加一个人患有结肠癌的风险。这种情况之所以发生,是因为变体使这些基因把红肉中更多的潜在有害物质转化为实际有害物质,之后这些有害物质能够损害细胞。因为这两种基因在构成结肠的细胞中非常活跃,而且这是损害发生的地方,结果极大增加了在损害细胞中产生癌症的可能性。因此,具有这种变体的人应该避免长期吃红肉。

身体锻炼也可以减少50%的结肠癌风险,而且身体锻炼可以成为任何人都可以做得最有力的预防措施。甚至一周几次快走都被证明是很有效的,运动和锻炼得越多,患病的风险就越低。而且,最重要的是,即使一直有久坐的生活习惯,如果开始经常性的锻炼,仍然可以降低患结肠癌的风险。

但是,不管是否经常运动,超重或者肥胖能够极大增加一个人患有结肠癌的风险。虽然看上去有悖常理,但很多超重或者肥胖症患者还是积极锻炼的。然而研究表明,就结肠癌风险来说,超重和肥胖因素高过锻炼因素。因此,对于有结肠癌趋势的人来说,减掉额外的体重——或者首先不增加体重是至关重要的。似乎腹部的脂肪和这种癌症风险之间有一种联系。

关于药物治疗,阿司匹林已经被证明能够通过限制癌细胞的生长来降低结肠癌的风险。因为日常使用阿司匹林会引起胃溃疡和其他的并发症,这种预防性措施应该和其他药物一样在医生的指导下使用。

其他为降低风险而制定的一些有效策略都是确保维生素D水平正常以及让人们多吃大蒜。具有正常维生素D水平的人要比那些低于正常量的人患结肠癌的风险低得多,而且每天相当于吃一个或者多个大蒜的人似乎患病风险更低。目前的研究也表明剁的、切的或者挤压的大蒜似乎能够对抗癌带来益处,这一点要强过大蒜补充药丸。

当谈到筛查测试的时候，最常见和最有效的就是结肠镜检查，把一个非常细的像蛇一样的检查镜伸到直肠里面，然后小心翼翼地移动到直肠末端，医生可以清晰地看到里面的一切，然后将任何看上去异常的东西进行活检。结肠镜检查是我们与结肠癌做斗争的非常有力的武器。如果每个人都进行检查，就会大大降低死亡率。虽然每隔5～10年一次，这个检查过程让人感到几个小时的不适，但是结肠癌可以提前终结你的生命，因此现在用几个小时不适来赢得以后几十年确实是一个不错的交易。

也有较新的技术，比如虚拟结肠镜检查，使用CAT扫描或者磁共振成像来观察人的结肠内部的情况，并对癌症的迹象做筛查。对于那些有结肠癌趋势的患者来说，我并不推荐虚拟结肠镜检查，因为如果一个息肉或者其他形式的异常被确认的话，还是需要传统的结肠镜检查来进行摘除或者进行活检，从而会让患者不是经历一次而是两次痛苦过程。

最后，你也许听说了一种程序叫作软式乙状结肠镜。这对于那些在基因方面有结肠癌趋势的人来说并不合适，因为它只能看到结肠下端的三分之一。尽管人们也许会选择软式乙状结肠镜因为它用时短且不复杂，但它却无法全面的筛查。

对于有患结肠癌倾向的人来说，美国癌症协会明确建议仅可以使用传统的结肠镜检查。我通常建议那些被发现具有这种疾病风险的人从40岁开始就要每5年进行一次传统的结肠镜检查。但是，如果一个人的家庭有结肠癌的家族史，那么第一次结肠镜检查就应该在家庭成员被诊断出来之前10年进行，此后每5年进行一次。

由于癌症的一些罕见原因，建议在青春期的时候就做结肠镜检查，因为癌症会在这些人群中更早发生。

还有一种技术叫作大便潜血试验（FOBT），它测试大便中隐藏的血液。因为血液会表明结肠中癌变发展的可能性，如果检查结果呈阳性，那么这个人就需要进行后续的结肠镜检查。对于患有结肠癌趋势的人来说，我通常会推荐每年在结肠镜检查期间进行一次大便潜血试验，就是为了确定在他们之前进行的结肠镜检查不要有遗漏。

> 预测医学使得癌症筛查建议更加个性化。

前列腺癌

前列腺癌是一种非常流行的疾病，早期阶段检出在男性50岁时有30%的比率，80岁时有80%的比例。因为大多数前列腺癌发展非常缓慢，仅有3%的男性会死于这种疾病。但是，因为是一个重要器官受到癌症威胁，而且治疗会引起一些不良反应（包括尿失禁和勃起功能障碍）确实能明显影响男性患者的生活质量，前列腺癌仍然是一种很恐怖的疾病。

大量基因变体已经被发现可以增加前列腺癌的风险。一些研究已经调查了对所有已知与前列腺癌相关变体进行分析的效果，并且发现，将多种变体分析与家族前列腺癌史结合，具有很强的预测能力。例如，一个55岁人的生命风险是13%。但是通过分析一组基因变体和家族史，我们现在可以明确一点的就是，具有很少有害变体以及没有家族病史的这些人可以低于6%，具有很多有害变体且同时具有家族病史的概率则高达41%。

另外一些研究已经发现了变体与特定的前列腺癌之间的关系。随着更多研究的结束，一旦出现前列腺癌我们将能够开始预测其侵害性。知道这一点非常重要，因为患有慢性前列腺癌的人根本没有必要采取任何措施，而那些患有更具侵害性以及威胁生命的前列腺癌患者确实需要接受治疗。

根据基因定制的预防措施

药品非那雄胺（保列治）已经被证明可以降低25%的患前列腺的风险。这种药物治疗通过减少男性体内的睾丸激素起作用，因为前列腺癌滋养了睾丸激素，所以减少荷尔蒙水平也就降低了癌症风险。从本质上来说，非那雄胺剥夺了前列腺癌的养料，这样一来它就不能再生长。非那雄胺是一种有效的预防手段，如果男性有前列腺癌高风险的时候就应该重点考虑它。

与结肠癌一样，有很多生活方式的改善已经证明可以降低风险。其中一个预防措施就是多吃含有番茄红素的食品，它主要存在于西红柿和含有西红柿的产品中，比如番茄酱。每周吃两份或者更多的含有番茄红素的食品能够降低35%的前列腺癌的风险，而且也能够降低侵害性前列腺癌的风险。

另外一项被广泛研究和探讨的预防性策略是，增加一个人 $\Omega-3$ 脂肪酸的摄入，鱼油中有这种物质。我们已经讨论了一个事实，$\Omega-3$ 可以大幅度降低心脏病的风险，$\Omega-3$ 同时也可以降低前列腺癌的风险，特别是侵害性前列腺癌。

初步研究已经表明，在COX2基因中的特定的基因变体与 $\Omega-3$ 降低一个男人前列腺癌风险的程度有关。具有这种变体的人如果摄入了很少的 $\Omega-3$，就会有很高的前列腺癌的风险。但是，如果一个具有同样变体的人消耗掉了很多 $\Omega-3$，比如通过经常吃富含脂肪的鱼，他们就会受到保护而免遭前列腺癌的困扰，而且患病风险要比别人低得多。如果这些结果被更深入地研究确认，那么我们就有其他高效预防措施来对抗那些具有特殊变体的人的前列腺癌症。

目前可用于前列腺癌筛查的惯常方法有两种，一个是关于前列腺异性抗原（prostate specific antigen，PSA）的血液测试，一个是不受欢迎的数字直肠检查（direceral rectun examination，DRE）。前列腺异性抗原的水平是随着前列腺癌而增加的；如果水平异常偏高，就需要对前列腺进行超声检查。如果医生看到前列腺上有一些赘生物，就会采取活检。前列腺异性抗原的水平是受大量的其他无害条件影响的，这就极大降低了侦测前列腺癌测试的准确性。

另外一方面，数字直肠检查，是医生们用物理方法感知前列腺的一种方法，它是为了检查所有异常肥大。如果检测到异常情况，就会实施活检。

我对于具有前列腺癌风险的人的筛查建议就是，与一般情况相比提前10年就开始进行一年一次的数字直肠检查（在40岁开始）。但是，关于前列腺异性抗原，我建议的做法就像对待那些没有增长风险的人一样，也就是说，去和你的医生探讨在50岁的时候再开始进行一年一度的前列腺异性抗原血液测试。因为早期或者更早的时候，一个前列腺异性抗原并不很准确，具有前列腺癌上升风险的男性应该把精力主要集中在预防性的策略上，比如服用非那雄胺，吃更多的西红柿，还有就是坚持在每年的体检中要进行数字直肠检查。

保护生命呼吸，抵制烟瘾与肺癌

肺癌是与癌症相关死亡的头号原因，而且对于所有的肺癌案例来说，由吸烟导致的占85%。因此，让世界脱离尼古丁瘾是我们与肺癌抗争的最有效的武器。

遗传学解释了为什么一些吸烟的人最后死于肺癌，另外一些吸烟者免于肺癌的侵扰，以及一些不吸烟的人却也死于肺癌。在研究者们正努力弄清从来不吸烟的人们患有肺癌的确切遗传原因的同时，对于尼古丁上瘾、吸烟和肺癌之间的基因关系的研究，我们已经取得了巨大进步。

因为吸烟不仅仅直接与肺癌有关，而且也与无数其他威胁生命的疾病有关，它是美国可预防的死亡的头号杀手。美国每年五分之一的死亡是由吸烟造成的，20世纪，吸烟导致全世界约1亿人的死亡。与吸烟相关的疾病和死亡使我们这个社会付出了巨大的代价，其中美国几乎每年就有200亿美元的医疗保健支出和生产力的损失。

> 因为约85%的肺癌病例是吸烟造成的，战胜尼古丁瘾就是我们与肺癌作战的最有效的预防性武器。

尼古丁是非常容易上瘾的,特别是对于那些具有特定遗传倾向的人来说更是这样。每年几乎有2 000万的吸烟者试图戒烟,但是约80%的人在第一个月内以及97%的人在头6个月内会复发。因此,太多的人上瘾以至于全世界每分钟就会售出1 000万支烟。

大多数尼古丁上瘾的风险是由我们的基因决定的,而且现在我们可以不仅仅开始运用我们的遗传密码来预测尼古丁上瘾的风险,也能够为戒烟建立一种根据基因定制的措施。为了战胜肺癌,我们不仅要理解癌症,更要明白什么是上瘾。理解上瘾的基本的遗传原因就能够使我们通过根据基因定制的预防措施和治疗方法来了解这个对手。

根据基因定制预防措施

为解决肺癌我已经研究出来的预测医学方法可以分为3个不同策略:一个适合当前吸烟者,还有一个适合于基因方面存在尼古丁上瘾倾向但并非吸烟者(比如孩子和以前吸烟的人),第三种策略适合于接触二手烟的非吸烟者。

不幸的是,在我们开始预测和预防非吸烟者肺癌之前,我们还是需要更多的研究。而且即使我们发现了大量的那些变体与不吸烟和接触二手烟的人患这种疾病高风险有关,但这样的发现也只有在我们想出一个方法来修正这种风险时,才会变得有实际意义,例如筛查测试、服用特殊的药物或者维生素或者通过改变生活方式因素,比如饮食或运动。

目前没有已被证明可以挽救生命的肺癌筛查测试,不吸烟、避免接触石棉和氡仍是已被证明可以降低一个人肺癌风险的绝非无二的非遗传因素。甚至曾经被认为可以降低风险的物质,比如综合维生素、维生素C、维生素E和叶酸,现在都被证实没有任何影响。

策略1: 对于现在的吸烟者

吸烟对于所有人来说都是有害的,但是一些人在患癌方面比另外一些人更容易受到影响。一些人具有基因变体,这些变体或者导致长期的具有高水平的致癌物(致癌物与增加一个人癌症风险密切相关)或者降低它们的DNA的自我修复能力,这样,由致癌物引起的伤害就会逐渐积累。告诉吸烟者由于吸烟而导致患癌风险提高,才可能使他们真正想戒烟,而不是简单地重复那句妇孺皆知的话:吸烟对所有人都有害。

能够戒烟某种程度上取决于一个人的遗传密码,因此,根据基因定制的戒烟计划很可能显著提高吸烟者戒烟的可能。例如,FDA官方允许的最常见的戒烟处方药之一就是安非他酮（耐烟盼和威博隽），它减少了吸烟的欲望，增加了一个人戒烟的可能性。但是，约60%的使用安非他酮的人最终都会复发，表明这种药物，就像大多数药物一样，仅对于一小部分人是有效果的。

研究表明，在CYP2B6基因和DRD2基因中的变体与安非他酮的戒烟效果不同有关系。约50%的非洲裔美国人，45%的高加索人，25%的亚洲人在CYP2B6基因中都具有一个特定的变体，这种变体让基因变得不活跃。安非他酮的治疗对于这些人更可能有效果，因为CYP2B6主要负责分解安非他酮，而当基因不活跃的时候，安非他酮就会在体内待较长时间，这样能带来好的效果。如果没有这种变体，安非他酮被分解的过程就会更加迅速，从而极大降低整体效果。

有趣的是，一些同样的研究已经表明，在那些安非他酮很有可能没有效果的人群中，口胶、戒烟贴或者喷鼻剂等形式的尼古丁替代疗法都可能是一种戒烟很有效的方法。而且其他变体甚至可以决定哪种类型的尼古丁替代疗法效果最好。

例如，一个初步研究已经发现一个变体适合于用喷鼻剂而不是戒烟贴更能增加一个人戒烟的可能。最有可能的原因就是这种变体是和一个人吸烟时急于从尼古丁中获取更大的体会有关。因为喷鼻剂中的尼古丁，要比戒烟贴和口胶中的尼古丁能够更快地进入血液，它更接近地模仿了具有这种变体的人习惯了的那种即刻刺激。但是，另外一些研究已经发现，其他基因中的大量变体与使用戒烟贴增加戒烟的可能性有关。戒烟贴有高浓度的尼古丁，这方面要胜过口胶或者喷鼻剂，而且对于具有这些变体的人来说，高浓度的尼古丁相当于情绪的改善和较少的体重增加，因此这种特定疗法就更可能对他们奏效。

> 用于帮助人戒烟的治疗可以针对这个人的基因结构进行。

如果大力水手时代有预测医学

大力水手有三个最爱：奥丽薇（他的女朋友）、菠菜和他的烟斗。尽管他吃了很多菠菜来保护自己免遭布鲁图的攻击，但不幸的是，它却不能保护他免受一个更加致命的对手的侵扰：肺癌。

像大力水手一样，很多吸烟者不能戒烟，但是预测医学仍然能够帮助他们根据基因制定策略，甚至在继续吸烟的情况下降低他们患有肺癌的风险。例如，20%～50%的人在GSTM1基因和GSTT1基因中具有变体。如果一个吸烟者在这些基因中有变体，而且同时吃一份或者多份十字花科蔬菜（比如西兰花、卷心菜、球芽甘蓝或者羽衣甘蓝）至少一周一次，与那些既没有这些变体也不定期吃十字花科蔬菜的人相比，就会有一个较低的肺癌风险。

这些基因负责在这些蔬菜中发现的异硫氰酸盐的代谢。异硫氰酸盐保护身体免患癌症，而且它们被代谢的越有效，体内聚集的可能性就越小。因此，当这些基因中的变体阻止它们正常功能的时候，有益处的异硫氰酸盐就不断聚集，达到更有效的量。但是，似乎只有在异硫氰酸盐摄入与机体接触致癌物，如一个人在饭前或饭后几个小时内吸烟，同时发生的时候，异硫氰酸盐才会起到抗癌的作用。

研究发现，总体上吸烟的人要比那些不吸烟的人吃的蔬菜要少得多，而且，像大力水手一样，他们有时吃一些不合理的蔬菜。菠菜是一种非十字花科蔬菜，而且它并不包含异硫氰酸盐，这意味着甚至对于那些具有GSTM1和GSTT1变体的吸烟者们来说，与肺癌做斗争也没有任何效果。如果他具有这些变体，预测医学本来应该可以指导大力水手吃对身体更有益处的东西。

策略2: 对于现在的具有尼古丁上瘾倾向的非吸烟者

尽管非遗传因素是决定一个人是否吸烟的主要原因，这种设定也许符合逻辑，但是结果证明我们的基因决定我们吸烟上瘾60%的原因。这就是为什么一些人会断断续续地抽几年之后就能戒掉，而另外一些人在抽完第一包烟之后就一生离不开烟了。

CHRNA3和CHRNA5基因中的变体被发现可以增加一个人对于尼古丁上瘾的风险。当一个人吸烟的时候，烟中的尼古丁被吸入到肺部，进入到血液，然后走遍身体的不同部位，包括大脑。这两种基因负责生产绑定尼古丁在大脑里的受体，而且这些基因中的变体能够使大脑更易受到尼古丁上瘾的影响。一个初步研究发现，这些变体和一个人在首次吸烟时体验的快感有关，而且这种效果与上瘾以及长期的持续吸烟有关。

研究者们也开始发现，有的基因变体与少年或青年最可能开始吸烟的年龄有关，而且还与一个人每天可能吸烟的数量有关。环境因素（比如同龄人的逼劝和尝试欲）曾经被认为是开始吸烟的唯一原因，但是现在似乎深层原因还包括遗传因素。

就如更多的已经进行的研究那样，我们不仅能够预测谁将会有很大的尼古丁上瘾风险，而且能够预测哪些青少年最有可能在他们开始吸烟的年龄去铤而走险。一旦我们能够预测这些特点，我们就能够实施有针对性的预防方法，比如设计特殊的教育充分告知孩子们他们个人的风险。反射分析将不仅会提供尼古丁上瘾风险方面的信息，而且也会提供所有与尼古丁上瘾相关的疾病风险的信息，比如癌症。这种预防措施的潜在效果在于它的全面性、完整性和针对性。

策略3：对于接触二手烟的非吸烟者

在北美洲和很多欧洲国家，公共场所都会禁止吸烟，明显减少了接触二手烟的机会。但是，很多吸烟者的配偶和孩子仍然会接触二手烟，就像那些在允许吸烟的场所（比如赌场和酒吧工作的人员）。然而，在亚洲、东南亚以及中东的很多国家，公共场所接触二手烟的情况仍然存在。

初步的研究明确了GSTM1基因中的变体会100%增加接触二手烟的人的肺癌风险。考虑一下这个统计含义，接触二手烟能够增加总人口中20%的人的肺癌风险。这意味着和大多数人相比，在GSTM1基因中有变体的人如果接触二手烟似乎会有一个更高的肺癌风险。

GSTM1基因对于致癌物质的解毒有很重要的作用，而这个变体阻止了基因正常运转，从而导致了体内有害物质的潜在构成。如果这些发现被证实的话，医生们就能够识别那些接触二手烟而具有高风险肺癌的人，而且还会建议他们和他们的家庭成员避免吸烟。当这种变体在一个同时具有对十字花科蔬菜反应敏感的变体的人身体中出现时，这个患者也要有饮食结构上的改变。

当然需要更多的研究来证实这些发现，这些初始研究提供了一种希望，那就是，有朝一日我们能够预测那些不吸烟的人在接触二手烟时候的真实影响。

根据基因定制的治疗

如果疾病发生，遗传分析越来越能为那些肺癌患者提供根据基因定制的治疗方案。实验室研究已经发现，当给那些具有特定基因变体的人们进行一种特殊类型化疗的时候，他们存活的能力很明显会增加。随着更多研究的进行，这种信息将会从实验室转移到医院，这样就能使用一个人遗传密码的全部力量来最有效地治疗肺癌。

在与乳腺癌和卵巢癌的战斗中冲锋

第一次对癌症的筛查测试发生在1923年,由乔治·巴氏(巴氏涂片以其名字命名)所做。但是,医疗机构对这种新的筛查测试深有疑虑,因此,它几乎40多年没有被广泛使用,直到20世纪60年代美国癌症协会开始推进。从那个时候开始,这种筛查测试就已经减少了美国70%的宫颈癌死亡率,这表明筛查测试在帮助人们与疾病斗争的作用中是多么的重要。

很多其他用来针对女性癌症的筛查测试已经得到了发展。癌症不是一夜之间出现的,而且总有一个潜在阶段,这个阶段会维持几个月甚至几年,它是一个涉及细胞变化的潜在阶段。细胞通常会经历一个癌前期的阶段,在那个时期,它们会缓慢地成为癌症,但还不至于演变成恶性的。随着时间的推移,其中的一些细胞将会变成癌细胞。当这种情况发生的时候,细胞繁殖的速度急剧增加,而且癌症开始发展。早期的癌症限于体内较小的和可以确定的区域,而后期、晚期的癌症是较大的,或者已经扩散,或者即将扩散。如果疾病在它的癌前期或者早期阶段被检测出来,那么对于大多数癌症可以实施外科治疗,包括乳腺癌和卵巢癌的治愈效果就是很理想的。随着癌症的发展和恶化,手术、药物治疗和辐射都变得效率很低,整体预测更加糟糕。因此,非基因筛查测试的目标就是识别癌前期的变化或者实际癌症的早期阶段,这样,我们可以用合适的措施来阻止疾病的发展。

乳腺癌是第二常见的癌症类型(第一是肺癌),全世界每年都会由它导致1%的死亡率。在不考虑遗传学或者其他风险因素的情况下,在美国,妇女患有乳腺癌的风险约12%,这意味着约八分之一的妇女将会在她们的一生中被诊断出患有这种疾病。而且美国每35个人中的1个就将会死于这种疾病。如果一个妇女具有与乳腺癌相关的基因变体,她患乳腺癌的风险就会增加500%,这意味着她的实际寿命风险会高达65%～80%。

一个很多人没有意识到的统计表明,在15～29岁的女性所患的癌症中,乳腺癌确实是头号杀手。不像50岁以后患癌症的妇女,这个年龄段的女性乳腺癌的发生率正在增加。很多时候,这些年轻的妇女们具有一个或更多的让她们患这种病的基因变体。

使女性易患乳腺癌的同样的基因变体也能增加她们卵巢癌的风险,而且大多数预防性措施对于两者都是相似的。一个妇女卵巢癌的一般寿命风险是1.4%,但是一个单一的基因变体就可以将它升高到40%。

和其他癌症研究一样,对于乳腺癌的研究已经证明,得知一个人基因上处于乳腺癌的风险不会增加长期的焦虑感。事实上,大部分研究证实了测试之后焦虑感是下降的。一个小规模、初步的研究甚至已经发现，孩子、青少年以及25岁以下的成人当被告知他们的妈妈有一个乳腺癌高风险的变体，而且他们也会因此有这种风险的时候，他们并没有任何消极的心理后果。所有被研究对象都表达出对这方面信息的恰当理解，因此，其中很多人还为自己制定了预防性的生活改变方式。

在经过了多年的研究之后，我们与乳腺癌的斗争已经看到了胜利的曙光。对于29岁以上的妇女来说，每年新病例的比率都会下降约3.5%，每年由乳腺癌导致的死亡比率下降2%。这些统计结果表明，预防性措施和早期的侦测正在起作用，治疗方法正在改善，我们确实能够做得更好。医生开始逐渐消灭乳腺癌，我们现在必须齐心协力对付这种疾病，利用我们所有技术力量来更大程度上减少新的病例和死亡比例。预测医学赋予我们这种能力。

理解乳腺癌和卵巢癌的遗传学知识

BRCA1和BRCA2（二者合称为BRAC1/2）毫无疑问是世界上名声最不好的两种基因。在北美洲，约每400个人中就有1个具有一个BRAC1/2基因变体。5%的乳腺癌和10%的卵巢癌是由于这两种基因的变体导致的。尽管它们只是导致一小部分乳腺癌和卵巢癌的原因，但是一旦出现，就会大幅度增加这些疾病的风险。

在20世纪90年代中期，这些基因中的变体和乳腺癌、卵巢癌日益上升的风险之间的关系开始逐渐明显，几乎同时，医生们开始使用这个新的武器来与乳腺癌和卵巢癌做斗争。

但是，BRAC1/2基因获得很坏的名声，并非因为它们本质上是坏的。事实上，当它们正常运转时候，它们会保护我们机体抵制发生在特定类型的乳腺和卵巢细胞中的伤害。BRAC1/2基因被誉为抑癌基因，因为如果DNA受到伤害，它们就会修复DNA。而且因为环境因素（比如辐射和毒素）频繁地伤害我们的DNA，因此具备一个DNA修复机制是非常重要的。

它们的坏作用仅仅在这些基因中的一个变体阻止基因正常运转时候才会表现出来，结果，DNA无法修复，随着时间的推移，DNA伤害也许就会累积。最终，一个单个细胞中的DNA也许会受到损害，这种损害方式是，它开始向细胞发送异常信号，让它们不停地繁殖，而这会引起细胞发生癌变。

因为DNA损害得花上很多年才能发生和累积，具有BRAC1/2变体的人中的癌症在十几年内是不会显现的。因此，这些人很有可能已经有了子女，并且很可能已经把与癌症相关的变体遗传给了后代。

下面的表格是依据大量的因素，总结出BRCA1或BRCA2基因中具有与癌症相关变体的概率。

表12　在BRAC1/2中具有与癌症相关变体的概率

一般女性	0.25%
家族史因素	
一个一级亲属或二级亲属中有乳腺癌（父母、子女、兄弟、姐妹是一个人的一级亲属，祖父母、外祖父母、叔伯、姑、姨、舅是一个人的二级亲属——译者注）	6.25%
两个一级或二级亲属中有乳腺癌	12.5%
超过两个一级亲属或二级亲属中有乳腺癌	50%
同一家族中的乳腺癌和卵巢癌	40%
女性个人年龄因素	
40岁之后患乳腺癌	2%
40岁之前患乳腺癌	10%
30岁之前患乳腺癌	23%
任意年龄患卵巢癌	10%
女性种族因素	
在65岁前已经患有乳腺癌的亚裔美国人	0.5%
在65岁前已经患有乳腺癌的非洲裔美国人	2.6%
在65岁前已经患有乳腺癌的西班牙裔美国人	3.5%
艾希肯纳兹犹太人	2.5%
40岁后患有乳腺癌的艾希肯纳兹犹太人	10%
40岁前患有乳腺癌的艾希肯纳兹犹太人	33.3%
任意年龄段患有卵巢癌的艾希肯纳兹犹太人	33.3%
男　　性	
任意年龄段患有乳腺癌的男性	5%
任意年龄段患有乳腺癌的艾希肯纳兹犹太人	20%

利用全面筛查，占尽先机

历史上，医生们也在经常思考，"谁将会从筛查中受益呢？" 根据成本效益率，不能给所有人提供筛查，相反，而仅仅给那些根据家族史来看风险要高于特定百分比的人。现在，因为全面基因筛查更具成本效益，而且因为我们能够对于几乎无限量的变体进行筛查，我们可以在很多基因筛查组合里面涵盖乳腺癌和卵巢癌的风险筛查，比如新生儿基因筛查组合、儿童基因筛查组合、妇女健康基因筛查组合、男性健康基因筛查组合以及癌症基因筛查组合。我们可以对任何有兴趣的人进行筛查，而不是试着决定谁最受益，还有就是让人的遗传密码为它自身做主。而且即使一个人没有发现具有这两种癌症的风险，这个基因筛查组合将仍然会提供其他疾病的有价值信息。

除了BRAC1/2还有很多基因是造成乳腺癌风险的黑手。一项研究表明，把家族史和超过15个不同基因变体的分析结合起来要比其他当前使用的评估风险方法准确得多。

这些变体中的一些变体不用BRAC1/2参与就会增加风险，而其他一些变体则会与这两种基因互相作用来增加它们造成的风险（叫作修饰基因）。因此，不仅应该对于BRAC1/2变体，而且也应该对于修饰基因变体进行一个准确的风险评估预测。

> 尽管BRAC1/2基因中的变体是一些与乳腺癌相联系的名声很糟的变体，但是大量的其他基因中有很多不同的变体也与上升的乳腺癌风险有关，所以对于风险的准确分析应当把它们都考虑在内。

例如，在RAD51基因中的变体仅在具有BRAC2变体的人中会大幅度增加乳腺癌的风险。RAD51是一个DNA修复基因，它会增加由BRAC2引起的DNA修复的破坏。这两种基因中的变体的联合使妇女一生中患有乳腺癌的风险从50%以下增加到80%以上。

在CHEK2基因中的变体独自就可以使得乳腺癌的风险上升25%。这个基因表现的就像一个看门人一样，如果它接触了辐射或者其他能够引起细胞DNA伤害因素，它负责调节一个细胞分裂的速度。当DNA的损害不断累积但又没有恰当修复的时候，这种基因就会引起细胞自我毁灭。但是，在CHEK2基因中的变体会使细胞的自我毁灭机制不那么有效。如果辐射或者其他伤害因素发生而一个细胞不受控制地开始繁殖，如果CHEK2基因包含一个可以引起它运转异常的变体，那么这个基因（CHEK2）就不会正常工作，而且异常的细胞也许不会自我毁灭，这样一来细胞就会潜在地发生癌变。

ATM基因具有同样的功能，患有乳腺癌的每10个女性中约有1个在她的BRAC1/2、CHEK2或者ATM基因中具有一个有害的变体。

因为美国癌症协会建议对乳腺癌生命风险超过20%的妇女提高监测和预防，所以，在这些基因中的任何一个基因里存在一个或者多个变体就表明需要根据基因定制的预防措施。

实施中的疾病矩阵和反射分析
酒、基因、心脏病和乳腺癌

到了这一阶段，我们很清楚，现在能够通过分析我们的基因收集到大量的信息，但是这种新发现的能力，同时也导致一种几乎铺天盖地的大量数据。讨论酒对心脏病和乳腺癌的影响就是一个很清晰的例子，能说明为什么我们需要使用把多种信息融合以达到一个直接、可操作结果的分析技术。

如果适度的酒摄入能够保护我们抵抗心脏病的话，那么它在保护我们抵抗癌症方面是否同样有用呢？毋庸置疑的答案是不会；不仅没有保护作用，而且酒类确实能够增加不同类型癌症上升的风险，包括乳腺癌。

酒类能增加乳腺癌的风险最有可能的原因是它引起了雌激素水平增加，而且这些增加的雌激素直接与乳腺癌上升的风险有关。另外一个可能的原因就是酒类的摄入可以导致叶酸水平降低，而且这种低的叶酸水平会负面地影响到DNA正常运转的能力。因此，现在看来，一些由于酒类摄入导致的乳腺癌上升的风险可以通过每天摄入300微克多种维生素中的叶酸或者摄入富含叶酸的水果和蔬菜来降低。

研究已经表明，对于所有人群来说，每天一杯酒能够增加10%的乳腺癌的风险，而且对于那些每天喝2～5杯的人来说风险会提高40%。与一杯酒相关的上升的风险也许不是大幅度的，现在看来对于一些妇女来说，酒类的摄入也许会有更多的伤害。

初步的研究已经表明，在GSTM1和GSTT1基因中的特定变体以及每天喝一杯或者多杯酒精饮料的妇女们也许会增加100%的乳腺癌风险。这些基因对于体内的有害物质的解毒作用是非常重要的，如身体代谢酒类时产生的物质。当这些变体出现的时候，这些基因根本无法发挥作用，因而就会有毒素集聚。

那么很明显，针对一个人的遗传信息定制预防措施确实会变得很复杂。例如，如果一个有心脏病高风险的人被发现GSTM1和GSTT1基因中具有变体，从而会显著增加她在摄入酒精时患有乳腺癌的风险，因此就不建议她饮酒。但是如果她心脏病的风险很高，却没有这些特殊的变体，可以建议她每天喝一杯含酒精的饮料，最好是红酒，加入一些适量的叶酸，这可能是有益的，但多喝就会不利。通过把许多疾病、遗传和非遗传因素考虑在内，使用疾病矩阵的反射分析能使最有效率的、根据基因制定的预防策略得以发展和实施。

根据基因定制的预防措施

我认为我们必须停止把乳腺癌当作仅是妇女需要担心的一种疾病，我们必须明白，有了预测医学，与这种疾病的斗争不再属于特定的性别。

女人和男人都可以通过基因筛查来判断乳腺癌的风险。尽管因为我是男人而患乳腺癌的风险非常低，但是发现我有一个乳腺癌的变体不仅仅提醒我要在生活中实施预防措施，而且也让我理解了我的后代们未来也会有这种风险。如果我具有一个乳腺癌变体，即使乳腺癌从来不会影响我，但也有可能影响到我将来的任何一个女儿。

> 用预测医学和全面基因筛查，女性和男性可以携手与乳腺癌做斗争。

了解到这一点会让我决定我是否实施一些预防性的措施，比如使用胚胎着床前基因筛查来预防变体传递。也许我宁愿选择在女儿出生时再分析她的基因，而且也愿意在她的整个一生中实施预防措施，如果她被发现继承了有害的变体。

如果你被发现有患乳腺癌和卵巢癌的高风险，有非常有效的预防措施，已经证明能够明显减少这些疾病的风险。因为乳腺癌要比卵巢癌更加多见，所以迄今为止它一直是很多医学研究的焦点。但是，无论什么时候涉及有关预防卵巢癌的科学材料，这类预防知识都会出现在下面的建议中。

生活方式

已经证明生活方式因素比如锻炼更能够影响一个人乳腺癌的风险。参加一些有益心血管的运动,比如游泳、骑车、打网球、慢跑或者甚至每周快走4个或者更多小时都会降低30%的乳腺癌风险。

其中一个理由就是,运动妇女的雌激素要比那些久坐妇女低得多。随着医学界在过去几十年掌握的情况,较高雌激素水平能够增加一个人乳腺癌的风险,最有可能的原因是,由于雌激素可以直接刺激细胞增生,而且鼓励细胞分裂,这一点会促进癌症的发展。事实上,现在看来,任何能够增加雌激素的物质都能够增加乳腺癌的风险。

自身锻炼已经被证明可以减少乳腺癌的风险,在绝经后避免超重或者肥胖是另外一种降低一个人后半生风险的方法。当身体脂肪的百分比增加时,一个人的雌激素水平也会增加,因为脂肪细胞把其他荷尔蒙转换成了雌激素。

但是,这仅仅在绝经之后才能发现,因为在绝经之前,一个妇女体内的雌激素量主要取决于她的卵巢产生的量,而与身体脂肪水平相关的波动会发挥一个相对较小的作用。

基因决定的喝茶时间

除了水以外,茶是全世界被消耗最多的饮料。这是一件好事,因为似乎茶有很多令人惊讶的对于健康的益处——至少对于一些人来说是这样。与红酒相似,茶是多酚的最佳来源,多酚不仅仅能够保护我们抵抗心血管疾病,而且能够抵抗癌症。在红酒之后,按照所含多酚的浓度顺序,依次是抹茶(绿茶叶粉末)、绿茶、乌龙茶和红茶。

研究表明,在红酒和茶中发现的多酚能够帮助我们抵抗癌症,是能够保护身体免受自由基损害的杰出的天然抗氧化剂,这种损害会让细胞处于一个发生癌变的高风险下。此外,茶所特有的多酚似乎能够阻止额外血管的增生,这些血管的增生能够满足肿瘤对不断增长的营养需要。因为这些影响,研究已经表明,每天喝3~4杯的茶能够降低胃、前列腺、口腔、食道、膀胱以及乳腺癌50%的风险。

但是一个人的基因构成也许会决定他是否能从茶中得到一些对健康有益的东西。一个COMT基因中的变体参与了特定茶多酚的处理过程，导致基因变得不再活跃，意味着多酚没有被迅速处理，因此它们对于身体有一个较大的影响。

2003年，南加利福尼亚大学凯克医学院进行了一个初步的研究，这项研究调查了日本裔美国妇女喝茶、乳腺癌和COMT基因变体之间的关系。他们发现，喝茶并有不活跃COMT变体的妇女患有乳腺癌的风险较低，为50%，但是在那些没有变体的女性中，茶对于她们患有乳腺癌的风险没有明显的影响。

在2005年随后的一项研究中，同一机构的另外一支研究团队调查了是否ACE基因中的变体与喝茶以及较低的乳腺癌的风险有关。他们选择了ACE基因，因为它包含着可以产生大量的自由基的变体，同时还包含另外一个能够大幅度降低自由基生产的变体。众所周知，具有与自由基低产出相关的ACE变体的女性具有较低的乳腺癌的风险，而那些具有与自由基高产出相关的ACE变体的女性则处于高风险，但是这是第一个通过观察喝茶带来影响的研究。研究结果表明，喝茶能够大幅度地降低具有与高水平自由基产出相关的ACE变体的女性乳腺癌的风险，而对于那些携带低水平自由基产出的ACE变体的女性则没有任何影响。

初步研究已经表明，同样的高水平——自由基产出的变体与上升的其他癌症的关系，例如胃癌和前列腺癌，虽然与这些癌症相关的喝茶的低风险影响还未经过测试。

这些发现证实，当涉及乳腺癌的时候，你的基因将决定喝茶对于你来说是否具有保护性。

对于咖啡爱好者们来说，也有一条好消息。咖啡似乎能够在那些具有CYP1A2基因特定变体的人中降低患有乳腺癌的风险，此基因针对我们所喝的几乎所有咖啡因，可产生一种起到代谢作用的酶。当人们经常喝咖啡的时候，这种酶就能感受到这一点，然后会逐渐加强运动，结果它能在短时间内代谢更多的咖啡因。但是，当CYP1A2基因中的变体每天接触咖啡因时，不仅阻止基因快速活动而且还降低它的酶的活动，结果该基因就无法迅速处理咖啡因。

咖啡因似乎能够通过改变我们体内荷尔蒙水平，来扮演一种抗氧化剂的角色,直接抑制癌症的生长,保护我们抵抗各种类型的癌症(包括乳腺癌、皮肤癌以及肝癌等)。因此,如果一个人具有的变体能够允许身体接触更多咖啡因,那么喝咖啡就有一个明显的保护性作用。如果一个妇女具有特定的BRCA1/2变体和CYP1A2变体,而且同时每天喝4杯或者4杯以上的咖啡,她患乳腺癌的风险就会降低60%。但是对于那些没有CYP1A2变体的人来说,喝咖啡没有任何保护作用。

孕期和母乳喂养

第一次月经来潮后的16年之内,生出第一个孩子的妇女可以有较低的乳腺癌风险,而且如果女性在任意年龄段通过母乳喂养她们的孩子的话,那么她们患有乳腺癌的风险就会更低。这两种因素可以引起乳房中腺体和细胞结构变化,从而保护她们抵抗乳腺癌,使她们不易患癌症。

对于具有BRCA1变体的女性来说,在她们生命的早期生孩子并坚持母乳喂养一年确实能降低50%的乳腺癌的风险。不幸的是,在具有BRCA2变体的女性中没有发现这种益处,可能的原因是,在BRCA1和BRCA2中的变体容易使女性患有不同亚型乳腺癌。

在美国,74%的妇女开始用母乳喂养,但是仅仅43%的人仍然保持6个月的喂养,仅23%的人保持12个月的喂养。如果一个新的具有BRCA1变体的新妈妈能够理解长期从母乳喂养中获得益处的话,她也许会尽可能长时间地坚持母乳喂养,比如坚持一年或者更长时间。

初始的研究已经表明,在35岁的时候有第一个孩子会有一个较低的乳腺癌的风险,一些研究又将此推进一步,得出的结论认为关键并非绝对的年龄问题,而是妇女的第一次经期和她们生第一个孩子之间的时段问题。这个数据表明,当在第一次经期和第一次生产是16年或者更长的时候,患有乳腺癌的风险就会增加50%。有两点原因:首先,她们乳房中的腺体还没有经历那些随着孕期和母乳喂养发生的保护性变化,其次,乳房组织从未停止地连续经历每个月月经来潮时出现的荷尔蒙水平的增加。有证据表明,在生命的早期阶段生孩子也许会降低乳房中干细胞的数量,而且因为干细胞可能是最易癌变的细胞之一,所以,干细胞总量的减少也许是早期生孩子能够降低乳腺癌风险的原因之一。尽管妇女的分娩能够降低她总体的乳腺癌生命风险,特别是在生命的后期,但是实际上她在孕期以及生下第一个孩子后的10年中风险却在增加。

这种乳腺癌风险的初始高峰最有可能发生,因为孕期会让妇女的身体经历大量的荷尔蒙,包括雌激素和黄体激素,那直接与癌症的生长相关联,而且因为它会诱发那些短期内不容易得癌症的乳腺组织发生免疫变化。此外,一些女性在怀孕的时候癌细胞就已经开始发展了,而且随着怀孕而增加的荷尔蒙水平提供了一种刺激癌细胞生长的环境。

这条信息对于那些在基因方面具有乳腺癌倾向的妇女们来说特别关键,因为即使怀孕能够大幅度降低长期总风险,但会增加短期内的风险。因此,我通常建议在基因方面具有乳腺癌倾向的妇女,当她们发现自己怀孕的时候去进行乳房的筛查测试,同时做一个超声检查,然后在怀孕中间再做一次。她们应该在孕后立即进行一个磁共振成像,然后10年内的每6个月做一次,从那以后每年都如此。等到妇女生完孩子之后再做筛查似乎很谨慎,但是,如果她真的患有乳腺癌,拖延5～7个月的诊断和治疗就能增加高达150%的晚期癌症风险。

> 应该为怀孕和生产之后具有乳腺癌倾向的妇女实施更多的乳腺癌监测。

乳房检查

有两种类型的物理乳房检测——由妇女自己做(自我检测)以及由医生做(医生检测)。很多研究已经检验了物理乳房检测的实际效果,而且大多数研究得出结论,自我检测对于帮助拯救妇女生命来说并不是很有效果。

但是,集中针对具有乳腺癌倾向妇女自我检测方法的初步研究已经表明,它们确实看上去对于在癌症的早期阶段进行侦测来说具有益处。由国家保健机构组织的癌症遗传学研究联盟建议,这群特殊的妇女应该在18～21岁的时候每个月进行一次自我检测,而且她们应该在医生的正确指导下去进行检测。

医生检测已经被证明有益于提高乳腺癌的侦测率,包括对于那些没有乳腺癌倾向的妇女来说。对于那些在基因方面有乳腺癌倾向的妇女来说,癌症遗传学研究联盟建议,医生测试应该从25岁时开始每6～12个月就进行一次。

乳房X光检查、核磁共振成像和超声

基于成像的筛查测试的目标是尽早查出癌症。虽然物理检测可以侦测出一些明显的癌症,但是,另外一些技术能够使机体内层成像,从而能够侦测到乳房内任何位置的细小癌症。最常使用的侦测乳腺癌的成像技术就是乳房X光检查,它基本上是一个对于乳房的特殊的X光检查。比较新的检测,例如超声,它使用无声的声波,还有核磁共振成像,它使用磁,这与乳房X光检查不同,因为它们使患者不接触辐射。

限制辐射接触对于在基因方面有患乳腺癌倾向的人来说非常重要，因为辐射有可能会进一步增加他们癌症的风险。很多这些变体增加一个人癌症风险，使得负责修复DNA损伤的基因（比如BRCA1/2，CHEK2以及ATM基因）功能失常。由于这个原因，机体不能有效保护它自身去抵抗DNA损害，而且因为辐射引起了DNA的损害，任何让胸部接触辐射，比如说CAT扫描，甚至从X射线和乳房X光检查中受到的低含量辐射都可以进一步增加乳腺癌的风险。因此，我对于让有乳腺癌倾向的儿童和成人接触任何形式的辐射非常谨慎。

从X射线中接收到的辐射可以增加乳腺癌的风险，可以持续几十年。在20岁以下的，基因方面具有乳腺癌倾向的人中，辐射能够增加200%的疾病风险；在20～40岁的人会增加75%；40岁以上的人会增加45%。一项研究甚至表明，在那些基因方面具有乳腺癌倾向的25～35岁的女性中，任何从乳房X光检查得到的益处都会被辐射导致的上升风险彻底抵消。

因为辐射对于孩子和青少年是最有害的，如果孩子被检测发现有乳腺癌或者卵巢癌倾向，父母就应该告知儿科医师这种风险，然后努力避免X射线和CAT扫描的影响，除非绝对必要。对于那些孕期的妇女以及20岁以下的在基因方面有乳腺癌倾向的人来说，采取一种积极的限制辐射接触的做法是一个相当重要的预防措施，但是，如果这些有风险的人之前没有通过基因筛查被识别出来有风险，那么这种积极限制措施就不要实施了。

目前我们对于乳腺癌筛查最好的非辐射方法就是磁共振成像，它实际上能够发现一些早期的、乳房X光检查和超声可能遗漏的乳腺癌。但是，因为磁共振成像很敏感，它们也许能够侦测到乳房大量的变化并提示需要进一步检查（比如活检），但是结果证明不是癌症。由于这个原因，只有当一个妇女在基因方面具有乳腺癌倾向时，磁共振成像通常才被用来筛查乳腺癌，虽然我料到有朝一日所有妇女的乳腺癌筛查都会围绕磁共振成像进行。

在重新评估了关于乳腺癌风险和辐射接触的风险之后，美国癌症协会在2007年发表了更新的指导意见，它指出，任何具有20%或者更高一生乳腺癌风险的妇女都应该避免接触辐射，要进行磁共振成像而不是乳房X光检查。这一点适用于携带乳腺癌高风险基因变体的妇女和那些有乳腺癌家族病史的妇女。不幸的是，让一些健康保险公司和卫生维护组织把乳腺癌筛查用的磁共振成像作为保险内容，有时候就会发生纷争，如一个妇女被确定由于BRCA1/2变体具有患乳腺癌的倾向。

目前，没有对于卵巢癌的常规筛查，因为它相对来说很罕见。但是，在那些基因方面具有这种倾向的妇女中并不少见。因此，当基因筛查侦测到一个人有上升的卵巢癌风险的时候，我通常会建议由妇科医生每年对这个人的卵巢进行超声检查，同时对于CA-125进行年度的血液检测。CA-125是在血液中可侦测到的蛋白，它的水平会由于卵巢癌而极大提高，但是由于其他情况也会引起这种蛋白水平的提高，所以，这种侦测方式不如年度卵巢筛查检测有用。

根据基因定制的化学预防和化疗

这里讨论的预防策略主要关注，通过生活方式的改变和筛查检测来降低风险的情况。还有另外两个更加激进的策略可以实施。第一就是，使用药物治疗的方法来阻止身体内的雌激素。化疗指的是使用药物的方法来治疗一种已存的癌症，而对比来说，这种策略被叫作化学预防，因为是一种被用来降低还没有明显显现出来的癌症的药物治疗。

这些药物治疗中最出名的、使用最广泛的是他莫昔芬，它阻止了全身的雌激素受体，从而引发由药物诱导的绝经。比男性拥有更多的雌激素是女性乳腺癌相当普遍的一个关键原因，因此，阻止雌激素的功能就消除了其有害影响。因为它阻止雌激素的受体，他莫昔芬和那些在绝经期使用的药物有类似的不良反应，因此，怀孕期和即将怀孕的女性不应该服用这种药物，因为它能伤害胎儿。

在那些具有BRCA1/2变体的女性中，一种方法就是在她们35岁的时候开始服用他莫昔芬来预防癌症发生。连续服用5年的话，确实能够降低40%的乳腺癌风险。还有一些初始的研究表明，在那些携带其他基因，如CHEK2基因乳腺癌变体的妇女中，他莫昔芬也可以用来预防。

但是，他莫昔芬并不是对所有人都管用，主要是由于基因的不同。他莫昔芬被认为是前体药物，因为服用它并不能马上见效而必须通过肝酶CYP2D6转换成它的起效形式。如果CYP2D6基因中的变体影响到了酶的功能，那么他莫昔芬就会转换成它的有效状态，或者它以一个缓慢的速度进行转换，使得它在预防和治疗乳腺癌的时候变得效率低下或者根本没有效率。全世界每10个人中就有1个被发现在CYP2D6基因中的变体参与了他莫昔芬的效用，也就是说这些变体实际上很常见。

有时候他莫昔芬和手术一起被用作治疗乳腺癌的方法。由于这个原因，用基因筛查可以确定一个女性是否具有可以影响他莫昔芬效果的任何CYP2D6变体，也可以针对基因构成给患者定制化疗方案。一个很好的例子就是，一个35岁的妇女被诊断出患有乳腺癌。在做完手术并和医生讨论了病情

在开他莫昔芬药之前，基因筛查就可以评估它的效果。

后,她最终仅选择了他莫昔芬而不是全普化疗。一年以后,她去拜访了一个遗传顾问,那个顾问对她进行了包括CYP2D6基因在内的基因筛查,之前他没有做过这样的检测。

这个顾问发现,根据这个妇女的遗传密码,他莫昔芬很有可能是无效的。很不幸的是,这个结果出来还不到一个月,患者就发现她的乳腺癌已经复发,而且已经扩散到了骨骼,这就意味着疾病现在已经处于一个晚期的阶段。如果在用他莫昔芬治疗之前就进行基因筛查,那么本来还有可能给她不同的药物治疗方法,这也将会更有效地保护她的生命。

这里需要指出的很重要的一点就是,其他药物治疗,包括选择性血清素再摄取抑制剂(SSRIs 例如百忧解、帕罗西汀和左洛复),被用来治疗与他莫昔芬相关的潮热,也可以对CYP2D6酶进行干扰。研究已经表明,与这些选择性血清素再摄取抑制剂一起服用的他莫昔芬,会因为他莫昔芬下降的效用而导致双倍的癌症风险。但是,其他选择性血清素再摄取抑制剂(比如CELEXA,LEXAPRO,以及LUVOX)不会过多地干预CYP2D6,而且不会改变他莫昔芬的有效性。

当一个人被发现具有上升的乳腺癌风险的时候,反射分析将会自动分析在CYP2D6基因中的变体来查明他莫昔芬是否有可能具有正常或者降低的效用。如果他莫昔芬被规定为药方,遗传报告将会把这点以及其他有关的信息包含在内,包括需要避免特定的选择性血清素再摄取抑制剂;这就会使得分析更加具有可操作性。

手术预防

对于很多疾病来说,一个小幅度的上升风险可以由对应的一个适度的预防措施来抑制,比如一个简单的生活方式的改变。但是如果一种疾病的寿命风险上升的话,更激进的预防方法就注定是必需的了。就这点来讲,没有比乳腺癌预防方法更加明显的了。一些BRCA1/2变体极大地增加了女性的乳腺癌和卵巢癌的风险,以至于她几乎肯定会在她的一生中的某个时间患病。对于这样的人来说,我们的武器库中最具攻击性的预防性策略就是预防性手术。为降低在将来可能感染疾病的风险而对于某个目前健康的人实施手术通常认为是很激进的。但是当疾病就像乳腺癌或者卵巢癌那么致命的话,这种选择就不像它看上去的那么不可理解。

由于乳腺癌已经失去了多位家庭成员并且知道自己也有同样的风险,这种情况对于多数人来说很难理解会是个什么情形。知晓了这些情况有时候能够激励女性尽可能地减少她们的风险,而且没有什么比移除有风险的器官更加有效的方法了：她们的乳房和卵巢。

摘除乳房的手术能够降低一个人85%～100%的乳腺癌风险。这种预防性措施没有彻底切除风险的原因是少量的乳腺组织仍存留在胸腔壁上，在那里癌症形成的机会很小。在对于经历了这种预防性手术的妇女进行的大量研究中，几乎4%的人被发现具有最早期的癌症，并且已经渗透了她们的乳腺组织，这意味着她们已经患有未被发现的癌症。

手术会有大量潜在的并发症，包括心理影响。但是，评估心理影响和生活质量的研究已经表明，如果回头看，女性都会对于手术以及她们下定决心做的任何事情都非常满意。

因为切除乳房不会降低卵巢癌的风险，一些妇女选择切除乳房和卵巢。一种选择性的方案就是摘除卵巢（并不是乳房）。这样做会降低85%～100%的卵巢癌的风险，而且也降低了55%～70%的乳腺癌的风险。从整体上来说，乳腺癌和卵巢癌的死亡风险会降低90%，因为直接摘除卵巢会消除雌激素的来源以及大量其他潜在的有害物质。然而，因为在体内仍然存在一些雌激素，他莫昔芬也许可以用作附加手段来降低乳腺癌的风险。

在40岁之前摘除卵巢是最有效的，而在50岁后摘除就相对没有效果，那个时候女性一般不会产生或少量产生雌激素。然而，在女性二十几岁、三十几岁、四十几岁时候摘除她的卵巢却会造成不育，因而带来严重的生活质量问题。因此，这种类型的手术只有当这个女性决定不再要生物学意义上的孩子，或者根本不想要孩子的时候再考虑做。

对于具有BRCA1/2变体的而且已经决定不会再要孩子的妇女来说，我认为摘除卵巢是一个必须要严肃考虑的问题，特别是当与切除双侧乳房相比较的时候更应该认真对待。摘除双侧卵巢是一个非常直接的手术过程，很少发生并发症，而且不会改变这个女性的身体形象。选择这个方案的患者应该继续进行定期的筛查测试，但很多患者在得知她们的乳腺癌风险已经明显降低时还是感到非常欣慰。

男人与乳腺癌

只有当我们尽早理解自己的风险并实施一个综合预防策略时，我们才能有力量去战胜乳腺癌这类疾病。因为这个原因，我坚信应该给具有乳腺癌以及卵巢癌风险的新生儿以及儿童做筛查，我还坚信也应该给男孩子和男人们做筛查。约1%的乳腺癌发生在男性身上，每年新病例数量都会增加。因为男性没有卵巢，在BRCA1/2基因中的变体就可以大幅度增加前列腺癌和睾丸癌的风险。

表13 为那些易患乳腺癌和/或卵巢癌的儿童和成人制定针对基因的预防措施

没有乳腺癌和卵巢癌的倾向	在基因方面有倾向或者家族史上有乳腺癌和卵巢癌
20～30岁,每2～3年,40岁后每年接受由医生做的乳房检测	除非绝对需要,在整个童年时期和成年时期避免辐射(来自X射线、CAT扫描以及乳房X光片)到胸部、腹部、骨盆
40岁时开始每年进行乳房X光片	咨询医生后从18岁开始每个月对乳房进行自我检测
对于卵巢癌没有具体的筛查	从25岁时或第一次怀孕时开始,取决于哪个时间在先,每年由医生做乳房检测
	从25岁时或生完第一个孩子之后开始,取决于哪个时间在先,每12个月对乳房进行磁共振成像筛查
	在怀孕初期和中期做的乳房超声检测及由医生做的乳房检测;适用于所有的孕妇
	具有BRCA1变体的女性:应该考虑在第一次经期后不晚于16年的时间要第1个孩子
	母乳喂养至少12个月
	25岁开始每年对卵巢进行超声检测
	25岁开始每年进行CA-125血液检测,与每年的超声结合使用
	15岁开始,每周4次或4次以上的经常运动,包括高强度的心脏锻炼
	在绝经后保持一个合理的、健康的体重(体重指数<24)
	对于具有特定基因变体的人每天多喝绿茶
	对于具有特定基因变体的人每天多喝咖啡
	那些具有特定基因变体的人一生避免饮酒
	每天生活中至少摄入300微克的叶酸
	根据遗传分析,35岁开始考虑配合他莫昔芬用5年时间化学预防
	分娩结束后考虑手术摘除卵巢和输卵管
	分娩结束后考虑手术摘除乳房、卵巢和输卵管

预防与智取

癌症夺走了很多生命,也引起了很多痛苦,也是很多疼痛的原因。在与这个强有力的敌人作战时我们需要新的武器。在基因层面上,我们还在研究癌症是怎么形成的、它是如何发展的以及是什么让它扩散的,而且现在必须利用我们的知识对付这一疾病。我们必须智取那些能够导致在我们体内产生这种丑恶情况的基因。通过预测和预防我们可以战胜癌症。

与癌症相关的一个组合样本

乳腺癌和卵巢癌组合
乳腺癌
卵巢癌
他莫昔芬疗效
他莫昔芬的不良反应
化疗引起的白血病
血栓风险
萨立多胺的血栓风险
出血的风险
生活压力造成的抑郁症
伤口愈合不良
茶对于乳腺癌风险的影响
咖啡因对于乳腺癌风险的影响
酒对于乳腺癌风险的影响

如果你需要另外的与癌症相关的组合,请访问www.OutsmartYourGenes.com/Panels。

后 记
我们的基因命运

错误认识：了解我的DNA并能够把基因信息融合到医疗保健中是可望而不可即的。

事实：基因革命已经开始，而且它现在对于健康保健具有深远的影响，我们已经在前进中迈出了第一步，确实，今天我们可以从中获益。

整本书我们讨论了建立在基因筛查和预防之上的预测医学如何直接和有效地应用于每个人的保健和安康。但是，基因技术的潜力没有就此停止，在本书即将结束时刻，我愿意讨论一些我们可以用在现在和将来的其他用处。

下一代药物临床试验和基因定制药物治疗

迅速崛起的药物基因组学领域改革的不仅是开药的方式，而且也在改革药物的开发和试验的方式。

我们已经讨论了，药物基因组学通过使用基因信息来确定药物如何和为什么对不同的人作用不同，从而将基因检测和分析融入药理中。这种认识可以用来预测哪种药物对于治疗某特殊患者的特殊疾病来说效率最高或最低，可以用来确定是否有不良反应上升的风险，还可以用来开出最佳初始剂量。药物基因组学使我们能够把每一个人都当作一个个体来治疗，而不是给患有同样疾病的每一个人开出同样剂量的药品。

知道不同的个体对于一个特殊药物的反应是怎么不同的，

这一点在对新开发药物的安全性和有效性进行临床试验时是最受关注的。很多时候，这些试验发现了意想不到、有害的反应，而且如果有足够多的人对此有不良反应，那么该药物就被认定对于所有人都不安全，最终美国食品药品监督管理局（food and drug administration，FDA）也不会批准这个药物。在其他例子中，一种药物也许效果不明确，因此，公司也许决定不生产这种药物，或者，同样它也不会受到FDA的批准。

通过把基因筛查融入药物的开发和测试中，制药公司现在可以更加准确地识别那些最适合某一种药物的人群。公司可以分析临床试验人群的基因构成来确定是否有不良反应的人具有同样的基因构成，而不是发现临床试验人群中随机一组人对某一药物正在发生的严重不良反应。例如，如果具有一组特定基因变体的人没有不良反应，而具有另外一些变体的人却有不良反应，制药公司就会向FDA证明，他们已经发现了一个区分有不良反应的人和没有不良反应的人的方法。FDA随后就很有可能批准这种药物，因为处方信息就会表明谁不应该服用这种药物。

在过去几年中，很多制药公司已经开始在临床试验中应用药物基因组学。虽然这主要分析的只是参与药物代谢的一小部分基因，但是，全面的基因筛查现在可以使公司针对人群筛查所有可知的疾病。这一点很重要，因为有些时候作为一名隐性疾病变体的携带者（例如镰状细胞贫血以及囊肿性纤维化），可能会引起细胞分子功能的轻微变化，最终可能影响药物功效或产生不良反应。全面的基因筛查为药物临床试验提供了新的视野，因为它能分析所有的基因。

虽然还没有实施，但是全面的基因筛查和分析对于先前由于严重不良反应，或者因为被认为没有效果而未获得FDA批准的药物有可能使之重新获得试验机会。通过建立所有研究参与人群的全面的基因档案并对结果进行深入分析，我们可以尝试在他们的基因构成中识别造成不良反应或者药物无效的模式。利用这条信息，就可能根据基因有针对性地做临床试验，使这个试验参与人群只是可能有效果的人。接着FDA就会批准该药只允许给那些基因上无禁忌的人使用，因此，就诞生了一个针对基因的药物。

使用基因筛查测试药物安全性和有效性所带来的巨大益处使FDA对已经投放市场的某些药物的开方规定进行了一次改革。这次改革增加的新内容是，在给患者开这类药物之前应该建议患者做基因筛查，以避免该药被基因禁忌的人们误服。

关于改革的一个例子就是药物阿巴卡韦，由FDA在1998年批准，用来减慢艾滋病毒呈阳性患者的艾滋病毒感染的进展。但是，不久就明显出现多达8%的人对药物有严重的不良反应，有时候甚至是致命的反应。大量的研究随后发现，这种反应与一个特定的基因变体高度相关，而且一项继续研究发现，在给患者开出阿巴卡韦之前做基因筛查能够100%减少这类不良反应事件，也就是说它能够彻底地消除风险。由于这些发现，在2008年FDA改变了阿巴卡韦的说明，也就是它的处方说明现在建议医生在开药之前对患者进行基因筛查。

表14　与控制药物功效、不良反应和/或剂量的基因变体有关的药物

药 物 类 别	在治疗或预防中使用
抗生素	细菌感染
抗病毒	艾滋病毒/艾滋病和丙型肝炎
斯达汀类药物	高胆固醇
β-受体阻滞剂、血管紧张素转换酶抑制剂、血管紧张素受体阻滞剂、利尿剂	高血压和心脏衰竭
血液稀释剂（华法林、阿司匹林、氯吡格雷）	血栓、心脏病、中风风险
胃酸阻滞剂（质子泵抑制剂）	胃溃疡和胃酸逆流
化疗和化学预防（他莫昔芬、5-氟尿嘧啶、紫杉醇、阿霉素、长春碱、长春新碱、伊立替康、顺铂、奥沙利铂、美罗华、波尼松、赫塞汀）	癌症（结肠、乳腺、卵巢、白血病、淋巴瘤、胰腺、黑色素、睾丸、肉瘤、膀胱、子宫内膜）
抗抑郁药（选择性血清素再摄取抑制剂，也叫作SSRIs）	沮丧、焦虑、饮食无规律
兴奋剂（哌甲酯和阿得拉）	注意力缺陷/多动症
抗心律失常药物	心律失常
抗精神病药物	精神病患者、精神分裂症、躁郁症、精神病
抗癫痫药物	羊角风和癫痫
抗肺结核药物	肺结核的预防和治疗
吸入肺部药物	哮喘和慢性阻塞性肺病
免疫抑制剂（硫唑嘌呤、6-巯基、D-青霉胺、环孢素）	器官移植和自身免疫性疾病（克罗恩病、溃疡性结肠炎、多发性硬化症、类风湿关节炎）

药　物　类　别	在治疗或预防中使用
生长激素	异常身材矮小
全身麻醉和神经肌肉阻断剂	在外科手术中使用

基因疗法与基因工程

基因疗法和基因工程是改变和更正我们基因构成的途径。

到此刻为止,我们一直在讨论这样一个事实:一旦我们意识到任何特定疾病的基因风险,我们都能够改变我们的非基因风险因素来降低我们的整体风险。这个策略是建立在我们不能改变我们的基因风险基础上的。

但是,基因疗法和基因工程使我们能够改变我们的基因风险。基因疗法涉及在实验室中隔离正常的基因,然后再把它们放到异常细胞中,从而使异常情况得到更正。基因工程涉及改变基因构成自身。

通常一种变体通过全力阻止它的基因正常工作而引起伤害。当这种事情发生时,通过基因疗法放入一个正常运转的基因就会解决这个问题。举一个基因疗法的例子,一种基因变体引起了HBB基因产生一个异常蛋白,导致镰状细胞贫血。为了测试对这种疾病的基因疗法的有效性,科学家们对患有镰状细胞贫血的小鼠进行了研究。研究者们把正常的HBB基因复制体放入患病小鼠的细胞中,然后小鼠被治愈了。被放入的正常基因能够取代发生故障的基因而运转。

尽管这听起来或许就像一个相对直接的程序,但它确实是一个极端复杂的过程。为了把一个新的基因放入一个活人或动物的细胞中,科学家们已经按照惯例为基因物质使用了一种天然的运送机制:一种病毒。病毒通常通过锁定一个细胞并把它的基因物质注射到细胞中而发生作用。因此,病毒可以看作是天然的类似分子大小的注射器。科学家们已经能够剥离经常利用基因复制并引起伤害的病毒,同时又保持为了病毒附着和注入基因物质的所有基因完好。这基本上创造的是一种只把基因注射到细胞中的无益无害病毒。然后科学家们把正在治疗使用的基因注射到这个病毒中。移除一个人或者动物的一些细胞(比如通过抽取血液样本),然后让这些细胞感染这个病毒。还有一种做法,通过吸入或注射手段,这个人也可以感染这些改变的病毒,之后这个病毒就发挥自己的作用,附着它正常感染的细胞并把它改变的基因物质注入这个细胞中。

然后这个病毒死亡,但基因却在细胞内继续生存并像一个正常基因那样开始运转。因此,即使细胞也许含有最初发生故障的基因,但它也会包括一种正常基因,这种基因会正确运转。因此,这个细胞开始像正常细胞那样运转,最终人或动物得以治愈。

　　不幸的是,确保这些步骤正常进行要比理论上说明复杂得多。把染色体上的基因想象成街上的房子。你的房子是基因A,你邻居的房子是基因B。当一种新的基因被注射到细胞中时,就好像一些新人搬到你的周围住一样。如果有足够的空间,那么就会在你的房子和你邻居的房子中间再建一所新的房子。但是如果在这些房子中间没有足够的空间,那么这个新房子就不会侵犯你或者你邻居所拥有的土地。对于新基因来说情形相同,当它被融合进一个人的遗传密码中时,它或许被注射到已经包含另一个基因的密码区段中,因此,干扰了目前房客(比喻当前基因——译者注)的正常功能。如果这种事情发生,那么基因疗法就会产生更多的伤害而不是好处。

　　对这种事情发生原因的理解及寻找办法确保它不再发生,都已经取得了巨大的进步。例如,目前正在开展的一种基因疗法试验就是在试图治愈一种引起童年盲症的疾病。取得的初步成果让人充满希望,表现出了有限的不良反应下的视力恢复。基因疗法研究正在快速发展,全书中我们讨论的大部分疾病有朝一日都有可能用这种方式治愈。

　　基因工程是不远将来拥有的另外一种非常有力的技术。基因疗法试图通过把一个正常基因复制体注入细胞来解决问题;基因工程将能准确地改变基因构成自身。因此,举例来说,如果一种疾病发生是因为基因X中一个碱基本应该是A的时候却是G,那么基因疗法会注入含有碱基A的基因X的复制体,而基因工程就会实际通过把G换成一个A来修正已有的基因。

　　这种技术要比基因筛查或者基因疗法复杂得多,但是我们很快会有实现的那一天。

　　目前,大量的关于动植物的基因工程研究已经启动。不改变基因中的特定碱基,研究人员一直用一种称之为“转基因”的过程,在测试把取自一个物种的全新基因注入另外一个物种中去的方法。例如,鱼和萤火虫体内负责发光的基因已经被成功地注入大量的植物和动物中。这种产物被称作转基因生物(genetically modified organism, GMO)。你也许惊讶地发现发光的猫、兔子、猪、猴子和树木已经被创造出来,而且它们现在都活在实验室里(你可以在网上搜索“发光猫”“发光猪”和“发光猴”,就会发现一些令人惊讶的图片)。是的,灵巧的小兔子在夜间发光;发绿光的猴子确实存在,虽然很让我失望的是,我们还不能让猪飞起来。但是，那也是有可能的。

一旦研究发展到可以把这些技术应用到大范围的疾病中的时候，医学将会再一次发生变化，那将会是我写一本新书的时候，书名就叫《改变你的基因》。但是，在那个时刻到来之前我们仍然凭借现今的基因技术，以一种前所不能的方式去智取我们的基因。

动物基因检测

对所有物种来说，DNA的结构和功能以及它含有的4种碱基都是相同的。是这些碱基的组合而不是孤立的碱基本身是特殊的。因为这一原因，我们在人类身上使用的基因检测技术（比如阵列和基因组测序）也可以用在其他物种上。

但是，要再一次重申的是，关键不是实际中的实验室检测，而是在检测之后进行的遗传分析。而且用于人类的使先进的基因分析成为可能的技术，也完全适用于所有的动植物王国。就像疾病矩阵、反射分析以及基因筛查组合等技术都能全部应用，而且我已经开始把这种技术应用在不同的物种上面。

在第六章，我们讨论了皮提亚方法，它把两位准父母的基因构成纳入分析，同时利用这种信息预测他们将来后代可能患有的疾病和具有的特点。利用同样方法，我们很快就能够提供详细的信息，关于哪两个动物交配，最可能产下具有理想特征和最不可能患有疾病的幼崽。

基因筛查也可以用来建立一个DNA指纹数据库，它会让我们追踪动物的痕迹。例如，如果生肉被发现感染了危险的细菌，我们就可以取这块肉的样本，并追溯确定它究竟来自哪里以及还有别的什么可能被感染，这样我们就能够确定这个动物的DNA指纹。我们现在可以使用动物的DNA指纹，就像人类在犯罪现场调查时使用一样，不是花上好几个星期或者好几个月找到根源，在一个小时内就能找到罪犯。

就像在人类中能够使用基因筛查一样，我们很快就能够使用它为我们的宠物诊断疾病以及根据基因制定预防和治疗方案。例如，给一只狗做基因筛查或许表明它对于特定的食物有比正常水平高的过敏可能性，凭此兽医就可以推荐狗更可能愿意吃的食物。

我们总是与我们周围的动物有着联系。一些动物比如狗和猫能和人类建立友谊；一些动物比如牛、鸡和猪能给我们提供营养；另外一些动物比如马能给我们带来运动的快乐。全面的基因筛查将会很快让我们从这些关系中获得最大的回报。

任何病根，难离基因

我们在整本书中讨论了大量的疾病，但是仍然还有许多其他疾病，包括克罗恩病、关节炎、狼疮、抑郁症和酒精中毒，预测医学可以为上述这些疾病提供风险信息和基因定制的预防及治疗方法。

我们现在可以把预测医学应用在几乎所有的医疗领域。甚至缓和医疗（又称"姑息医学"——译者注），一种主要解决疼痛控制和临终关怀的医疗，或许很快会从由遗传学提供的知识中获益。例如由哈佛培训的在加利福尼亚执业的临终关怀医生小布鲁斯·米勒博士，正在致力于把预测医学应用在他的领域中。他认为基因筛查能够使他为了更有效地控制患者疼痛而根据基因定制药物治疗。

在未来，随着越来越多的医学领域从预测医学和基因筛查中获得益处，我们将会见证医学全面个性化以及以预防为主的那一时刻。基因技术使我们能够在与疾病的斗争中更加主动而不是被动反应。

预测医学与技术奇迹

贯穿整个人类历史，我们的文明已经历了大量的物种选择过程，其中一些事件曾经使得人类物种到了一个灭绝的边缘，而其他事件对于我们继续生存以及让我们的物种兴盛起到了相当关键的作用。

就像考古学家能够通过研究物质遗迹提供古文化的线索一样，基因研究者们为了收集成百上千年前人类存在的本质能研究人类的DNA。通过检查全世界人类的DNA，在《国家地理》工作的研究人员能够回望人类历史，检查我们遥远的世系。根据这些研究成果，很明显约7万年前全世界的人口总数少于2 000人。这意味着，某种程度上我们是一个濒危的物种！

在那个时期，所有的人类都生活在非洲。因为世界其他地方还没有人类定居，现在看来恶劣的环境状况，比如由于大范围的火山喷发带来的干旱以及全球变冷都导致了人口数量的下降。人类当时正在为自身生存而搏斗，如果我们的祖先没有赢得那场战争，那么今天我们也将不复存在。

大概就在这个时候发生了一件事而且永久地改变了我们的物种。一小群人开始联合然后形成部落。这些部落促使了劳动分工。一些个人专门从事他们做得最棒的那些工作，比如狩猎、集会、烹饪、建造房屋、守卫等，然后为每一项专门任务制作必要的工具等。每个人都能从这个部落式生活中获得巨大的益处，因此人类才从灭绝边缘被拯救回来。正因为如此，社区的形成是一种物种的进步，也是我们文明的一个主要转折点。

其他同样重要的物种进化事件包括：

创造火的能力，这能让我们烹饪食物，从极端的气温中存活下来以及制作很多不同类型的工具。

复杂口头语言、写作和后来的印刷技术的发展，所有这些都可以让知识的获得与输送从一代传到下一代。

车轮和帆的发明，对于贸易和探险的发展是非常必要的。还有更近一点的发动机的发明。

第一次农业革命（新石器革命），正式让我们定居下来，而且从一个游牧的、狩猎/采集生活方式变为一个以部落为基础的农耕形式。

实证论和循证科学的崛起，让我们远离神秘主义，而且对大自然有一个更深入的理解。

疾病的病菌理论以及后来显微镜的发明，成为科学和医学的里程碑，使我们能够理解我们肉眼范围以外的那些世界。

自由贸易，通过劳动分工创造大量的价值，而分工与民主融合，建立在自由、贤能统治以及个人不可剥夺的权利的基础上。

工业革命，一个技术与经济大繁荣时代，通过贸易和旅游业世界各地紧密相连，象征着全球文明的开始。

公共卫生以及后来的保健，降低了很多常见的死亡原因，同时也明显地增加了人类的寿命。

当前我们还在经历的信息时代，让我们能够瞬间实现全球传播，并能够接触到空前大量的信息。

基因革命，还处在初级阶段，使得我们能够在疾病显露之前就阻止它，不仅能保持我们体健和安康，还能大幅度延长人类的寿命。

物种进化事件似乎在以指数速度增长。虽然曾经每个事件之间间隔也许有成百上千年，但现在只需几十年。在不远的将来，这些事件很有可能更频繁地发生，因为每一个连续的物种进化事件都是利用和建立在那些发生在它们之前的事件之上，因此减少了下一个事件发生的间隔时间。这意味着，我们正在迅速接近一个时刻，比如在延长人类寿命方面取得的巨大飞跃，这样的重大时刻也许实际上很快就会到来。

这个概念的形成是基于加速循环法则，也称之为技术奇点，是由雷蒙德·库兹韦尔（Raymond Kurzweil）提出的很流行的观点。技术奇点是指人类发展到的一个时刻，在那个时刻我们的文明获得了太多的知识以至于我们能够在相对很短的时间里取得极大成就。因此，离下一次物种选择不是50年或者甚至10年，也许只有1年时间。你可以想象一下所有现在可能的成就，因为信息时代让实际上任何时间、任何地点、任何人都能够接触全世界所有的知识。

包括预测医学、基因疗法以及基因工程在内的遗传学方面的巨大进步，正在引导着最新的物种层面上的重大事件：基因革命。

基因革命

全世界的保健费用正在不受控制地呈螺旋式上升势态。仅在美国，现在每年的保健支出就超过了2.5兆美元，每年大约增长7%。这是美国将近20%的国内生产总值（gross domestic product，GDP），加拿大和欧洲的保健支出也很高。超过75%的保健费用主要投在慢性疾病方面，美国的心脏疾病花费就是大约450亿美元；吸烟，193亿美元；糖尿病，174亿美元；关节炎，128亿美元；肥胖症，117亿美元；癌症，90亿美元。一旦疾病已经发作，那么这些钱中的大部分就会被用到疾病治疗上。

我们需要一次革命，因为目前我们的医疗保健模式是不可持续的。就像我们需要从一个不可持续的对于矿物燃料的依赖，到可更新能源形式的思维模式转变一样，下一代的保健也需要从对保守医学的依赖转变为一个更有持续性的主动方式。预测医学给出了答案，因为它不是基于弘扬传统的一刀切式的保守模型，而是基于个性化的预防。为了让我们的保健系统继续存在，我们不能再仅仅依靠我们的能力被动治疗，我们现在必须集中精力去做好预测和预防。不仅我们个人的健康依赖它，而且整个全球保健体系的存在也依靠它。

我们处在一个有关人类物种的新的、重大进步的紧要时刻，它将根本性地永久改变保健方式。基因革命现在只是针对单个的、独一无二的——你。

这仅仅是个开始。